手作包
不失敗的
15堂課

∞

坐在微風徐徐的窗邊，

腳踩著縫紉機，規律的節奏，

看著美麗的布緩緩前進，心情被撫平，

這是我喜歡的手作生活。

做自己喜歡的事，

同時又能傳達給大家是最幸福的；

透過書裡的文字和畫面，

我想盡量讓更多人感受手作的幸福。

不管是出版手作服或包包的書，
我和主編貝羚都覺得基礎工具書很重要，
就像前一本《手作包不失敗的 14 堂課》一樣，
這本書裡有初學者必學、也一定看得懂的基礎包款，
當然也有更進階深入的款式，
袋口拉錬款、包繩款、圓筒款、長型款……十五個包型都不重複，
每一件作品就像是在和你分享我的生活日常，都是既簡單又實用的包款。

除了作品，書中也有非常受歡迎的技巧小課堂，
將二十幾年來的教學心得，收錄在十五堂課中，
就多數學生縫製袋物會發生的狀況，提供了避免問題發生與解決的方法。

書中圖片文字說明非常清楚，跟隨著書縫製包給自己、家人或朋友，
每完成一個包都會很開心，嘗試換不同的布料花樣，感覺又是不同的作品，
非常期待你也成為一位製造幸福的人。

我親愛的媽媽、先生、三個小孩、兄弟姊妹和布田的每位學生，謝謝你們，
我很幸福，因為有你們一路的協助、支持與陪伴，
我才能全力做自己喜歡的事，而且做得更好，我非常愛你們。

2023. 4.22

PART 1

15 堂製包必修課

CONTENTS

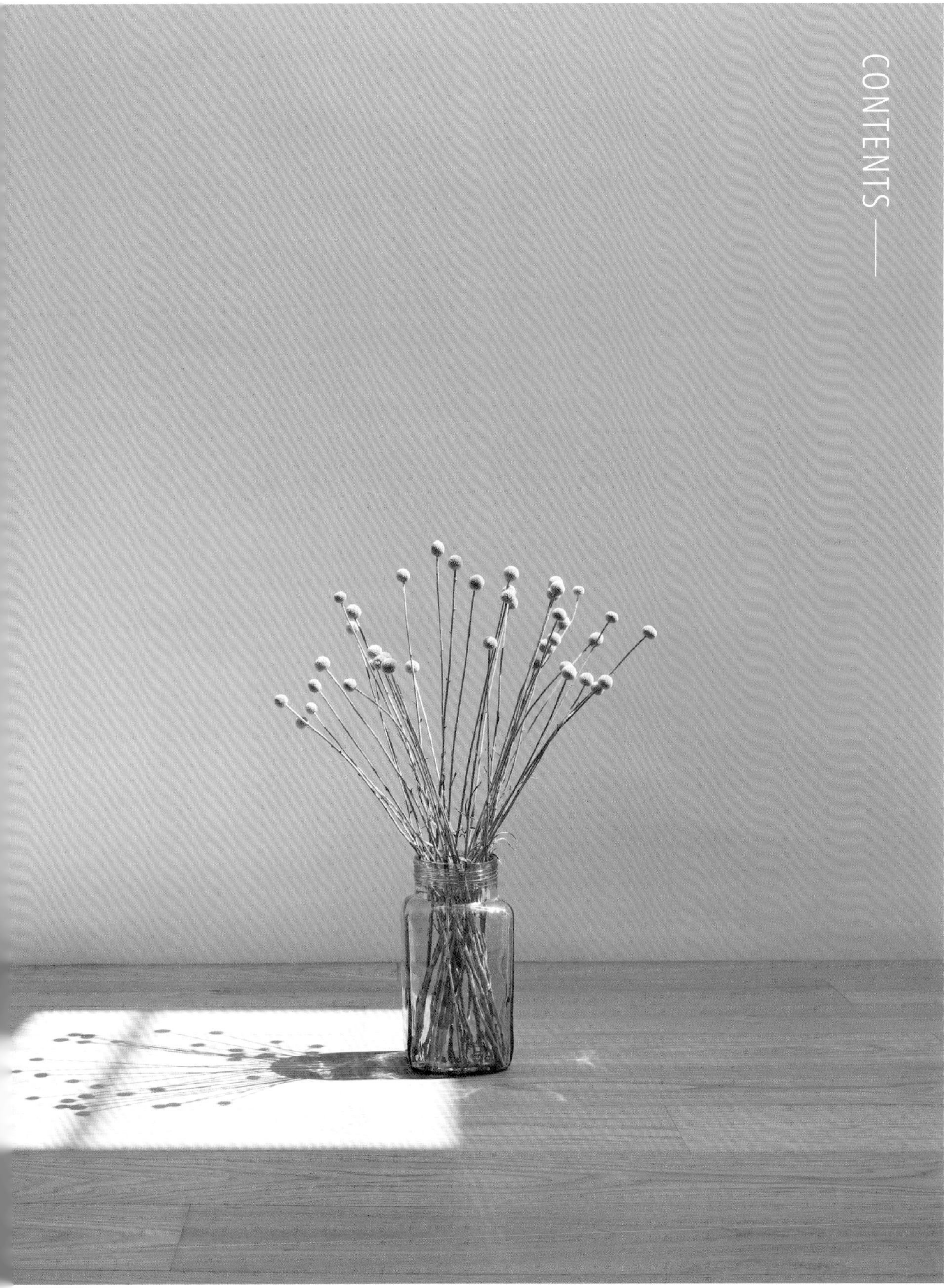

PART 2

包設計 × 15

Item 1
亞麻托特包　　084

從最基本的托特包開始，簡單以兩片布直線車縫，加上縫製兩袋角，就變成立體包型，內容物更好收放；兩種袋角的縫製方法和布提把製作，是第一款包要學習的重點。

Item 2
捲收購物袋　　092
版型 **A** 面

學會托特包後，可試著將袋口提把變成單提把，是小小的進階，袋身到提把一體成形，款式更加輕盈休閒；在包的外側加上四合釦，又多了捲收功能（捲收包款的布材不需燙襯）。

Item 3
外摺袋角肩揹包　100
版型 **A** 面

另一種外露的袋底摺角款也很常見，不能不知道。點到點的精準對齊車縫，在裁剪布階段就要做到位；袋口的磁釦刻意不做在水平位置，闔上時自然有袋蓋的感覺，是別緻的小設計。

Item 4
雙面兩用扁包　　110
版型 **A** 面

雙面的布料搭配能帶來各種風格可能。將扁包的袋底改成圓形，包款更活潑；袋底因車縫兩尖褶而呈現可愛的立體感；並延伸單提把設計，變化成背心款的長短提把。做包的各種小心機是不是非常有趣呢！

Item 5
燈芯絨水滴包　　120
版型 **A** 面

袋口不一定總是平的，水滴包想由此做出變化。在袋口中間往下畫一個半圓弧度，讓提把與開口的取物空間加大；側邊的四合釦則為造型帶來彈性，扣住或鬆開，立刻呈現兩種風格。

Item 6
綁結肩帶帆布包　132
版型 **A** 面

提把除了車縫固定在包上，也可以用綁的方式；不只這樣，這款包還內藏可愛的微笑曲線裡口袋，以及另一個不同作法的裡拉鍊口袋，鬆軟的隨性大包也有滿滿的技巧。

Item 7
束口手提袋　　146
版型 **B** 面

一片袋身布加上橢圓底布，能讓包更立體。袋口另加簡單兩片布，除了提高袋身多了容納空間外，搭配抽繩，就有了束口功能；束口布請選擇薄布材質，拉收時會更容易。

Item 8
單把交錯包　　158
版型 **B** 面

縫製包有時需要相對的空間概念，這款包型不僅有裡外層、布料左右交叉，還有皮革單把的結合車縫，製作時的方向感都需要動點腦筋，只要挑戰成功，就會更上一層樓。底部包邊則是另一重點，讓包型更挺，亦是邁向進階必須學會的技巧。

Item 9

織帶環繞挺包　170

版型 **B** 面

這款非常好玩，以織帶繞包一圈，除了增加挺度，車縫時要留意兩圈織帶在提把部分是不是等長，這常是可能忽略的事情。袋口四邊做了兩組磁鈕，怎麼扣都可以，包型是不是更多元了。

Item 10

側襠文件包　182

版型 **B** 面

想增加包的厚度，可在包側邊到底布加上一片側襠布；提把是織帶的變形應用，從包正面側邊縫製，簡單就有型。此外，藏在包裡的底板，不僅提供很好的支撐，塑膠底板也有變漂亮的小方法。

Item 11　**進階 >>**

掀蓋長型側揹包　194

版型 **B** 面

除了手拿和上肩款式，輕鬆的斜揹包也是大家經常使用。這款開始作法更進階，要挑戰的是側襠出芽包繩和掀蓋車縫，不用擔心，跟著清楚的照片和文字說明，完成這個作品沒有問題。

Item 12　**進階 >>**

拉鍊果凍側揹包　210

這款包開始在袋口加上拉鍊，拉鍊在袋口外該如何車縫是一大重點。包款看似簡單，卻能學到各種應用：果凍布的車法，以及雞眼釦搭配日口環、問號鉤等金屬配件的使用，是縫製可卸式斜揹帶一定要學會的。

Item 13　**進階 >>**

小波士頓手提包　222

版型 **B** 面

小巧的箱型造型，是在袋口有拉鍊的包款加上側襠，包的前後當做袋底的一部份，這堂課要學習用四分之一的車縫方法讓難度降低，遇到轉彎處剪牙口的技巧一定要筆記。初學者選擇布材請避開厚質的，建議以中厚布不燙襯來練習。

Item 14　**進階 >>**

短把圓筒包　232

版型 **B** 面

直式圓筒型加單寬提把與上掀蓋，物品能直立放入，是很有個性的包款。很多學生害怕車縫正圓的形狀，示範作品的圓形上下底包邊正好能練習車縫功力；袋口使用 5V 剪碼拉鍊，雙拉鍊頭的安裝也很簡單，拉動輕鬆，開始練功吧！

Item 15　**進階 >>**

微笑口袋吐司包　244

版型 **B** 面

側襠結合拉鍊繞一圈的吐司包，實用又獨特。裡袋前後箱型包邊縫製，八個弧度轉彎角完美車縫一致對稱是練習重點；微斜布製提把加上彩色鉚釘，可愛加分。做完 15 款包後，一定收穫滿滿，技巧更進階。

＊尺寸和紙型皆已含 1cm 縫份，若有特例，作法中說明。

附錄 _

原尺寸版型 A・B

PART

1

15 堂製包必修課

亞麻布 >>

含 100% 麻，表面較粗，有麻的天然結粒，縫製袋物呈現出自然風格，很受歡迎。

編織布 >>

棉麻成分，效果極像細草編織，布目較大，所以製作袋物時，需燙上布襯。

刺繡布 >>

含棉麻兩種成分，布片上有刺繡圖案，呈現典雅風，製程較耗時，所以價格較高，縫製袋物有不同的質感。

燈心絨布 >>

表面有直條的織物，有微毛，以棉為主，質地厚實，觸感柔軟，能做出袋物溫暖的感覺。

合成皮革 >>

美麗的亮澤，用來製作袋物不易變形，能增加質感。

果凍布 >>

PVC 透明布料，用來加在袋物的外層，增添時尚感。

肯尼防潑布 >>

塑膠材質，無法熨燙，防潑水，比雨傘布略厚，應用袋物上可減輕袋物成品的重量，被很多後揹包款採用。

帆布 >>

織紋粗獷，織線較粗，質地厚實，縫製時不需要加襯，適合做硬挺的袋物，深受許多手作人喜愛；進口帆布編號越大越薄，國產帆布編號越大則越厚。

書中使用
的布料

水洗牛仔布 >>

含棉成分，厚軟，因為水洗關係，布面有特殊自然紋路，很適合做袋物的裡袋。

印花薄帆布 >>

這幾年有更多印花款式的帆布可選擇，較薄、較柔軟。

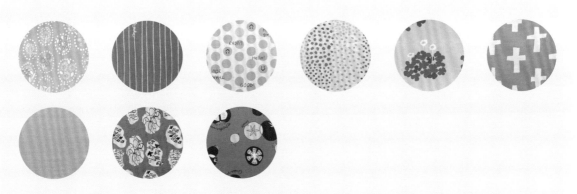

棉布 >>

含 100% 棉，細緻柔軟，有薄厚之分，有素色也有印花，用來製作袋物時，需燙上布襯，增加挺度，有時依款式需求需要燙兩層襯。

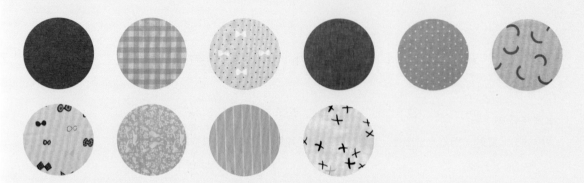

棉麻布 >>

含棉麻兩種成分，有素色也有印花，比棉布厚實，兼具棉和麻的優點與特色，廣受喜愛，和棉布同為市面上最常見的布料，也是手作人常用布料。

*
帆布偏硬材質不適合做有抽綯褶的包款。

∵ 用布小叮嚀 ∵

- 針織布料適合小型包款，可以搭配較無彈性的布料做為裡袋，平衡裡外的彈性，這樣袋物比較不易變形。

- 毛料布適合做冬天的包款，很有溫暖度，布目較大，建議要燙襯也要加裡袋。

∵ 袋物常用的布料屬於紡織布 ∵

- 有經線和緯線之分，在布面上也可以說成直布紋和橫布紋。

a 布紋方向：

紙型或尺寸列表上的「↕」符號表示直布紋的方向，直布紋和布邊平行；了解布紋很重要，橫布紋比直布紋有彈性。以一個袋子來看，高度是直布紋的方向（也有特例作法），而橫布紋比較有彈性，袋口很好撐開，這樣就很好記。

b 布邊樣式：

❶ 布的兩端，是直布紋的方向，也可以說是幅寬的兩側，有些布的布邊會有文字，如出產公司或設計團隊的名字，或者製造過程中使用的顏色…等。

❷ 有些布料在布邊會有針孔，針孔凸的即是正面。

❸ 有些素色布的布邊沒有文字也沒有針孔，只有鬚邊，鬚邊較亂的那面是正面。

① **大剪刀**｜專門用來裁剪布料，有的刀鋒有鋸齒狀，有防逃功能，適合初學者；為保持剪刀品質，請勿使用在其他用途，例如剪紙、剪塑膠物等；裁剪布時，大剪刀應緊貼桌面使用增加穩定度。

② **小剪刀**｜適合剪小布片以及牙口。

③ **線剪**｜用來剪縫線，輕巧好用。

④ **紙剪**｜剪紙型用，可購買不會黏膠的。

⑤ **珠針**｜縫紉專用，固定縫合的布片或配件，縫紉機車針經過不會斷針，有軟硬和長短之分；購買時，請強調手藝縫紉專用。

⑥ **手藝用雙面膠帶**｜手藝縫紉布品專用，黏性強，溶於水，有不同的尺寸，可用來固定拉鍊和不適合用珠針固定的縫製配件。建議購買小尺寸，寬度為 3mm，車針不會有殘膠（車針殘膠會影響車縫品質）。

⑦ **滾輪骨筆**｜以省力的方法推開縫份倒向。

⑧ **捲尺**｜用來量曲面和幅度大的物體，易收納攜帶；尺上有兩種度量單位，一面是公分、一面是英吋 (inch)。

⑨ **布鎮**｜鐵製品有重量，繪製版型或裁剪時，固定物件避免滑動，可購買 2~3 個。

⑩ **直角尺**｜製作長方形布品或紙型，需要量出準確直角角度時使用，有大小尺寸之分。

⑪ **軟尺**｜通常應用在量尺寸短的曲線，例如：袋物橢圓底。

⑫ **方格尺**｜表面有刻度，應用在裁布或紙型外加縫份。

⑬ **曲線定規尺**｜針對曲線紙型畫外加縫份。

⑭ **定規尺**｜表面除了直線刻度外，還有 30、45、60 等角度，可快速畫出斜布條，因為尺面寬、穩定，裁剪斜布條時裁切刀可貼著尺邊直接裁切。

⑮ **滾輪式粉土記號筆**｜適合用在毛料布上，粉末可填充。

⑯ **粉土筆**｜布專用記號筆，需要削，為粉狀色筆，有各種顏色，粉末會慢慢自動脫落。

⑰ **擦擦筆**｜可用橡皮擦除，應用在特殊材質畫記號時，例如皮革布、果凍布（布用記號筆無法畫上）。

⑱ **三色自動細字粉土筆**｜布專用記號筆，如自動鉛筆可填筆芯，能同時裝入三個顏色，免削，可畫出細線條，較精準，適合用在厚質的布料，例如丹寧布、牛仔布。

⑲ **水性消失筆**｜布專用記號筆，記號會隨著水氣或時間慢慢消失。

⑳ **鉛筆**｜可以用來畫紙型。

㉑ **拆線刀**｜拆除錯誤的車縫線時使用。

㉒ **錐子**｜車縫時可用錐子代替手來推布、壓布，能避免手指太靠近縫紉機車針而刺傷；也可用來拆線和挑線；或整理袋角挑布用。

㉓ **穿繩器**｜前端圓形，後端爪子會緊緊抓住鬆緊帶或棉繩穿入管道，應用在袋物束口棉繩。

㉔ **強力夾**｜咬合力道強，有長短之分，縫製時可代替珠針固定布片，尤其較厚的布片，例如帆布，或者不適合用珠針的防水布和皮片；袋物袋口摺入縫份較大時，也可用長的強力夾，固定作用更好；購買時選擇緊度大為佳。

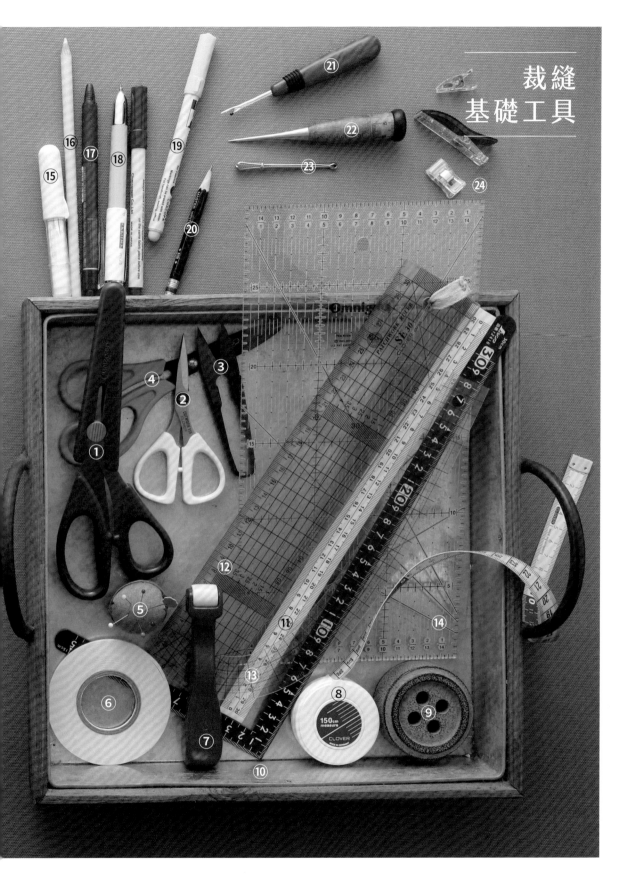

縫紉機
車針和車線

| 車針種類：

不合適的車針在縫製過程會造成縫紉機斷針或針趾不漂亮，影響袋物成品品質。

縫紉車針有粗細之分，車針有一面是平的，一面是圓弧，外包裝有號碼標示，每支針柄的圓弧面上也會有編號。

縫製袋物常用有 14 號和 16 號，數字越大，針越粗，相對的落在布上的針孔也越明顯；視布料厚度來選擇車針，在車帆布時，有時會需要用到 16 號車針。

| 車線顏色：

市售車線有國產和進口之分，價格差異很大；車線的選擇除了功能性考量，線的顏色常常也是設計搭配的一部分；建議將布料與車線放在自然陽光下比對適合度。

花布 →
可依布料配色比例，以背景色或比例多的顏色來挑車線。

兩色格紋布 →
布上的兩個主要顏色皆可做為車線的選擇。

有時會想突顯車縫線的顏色，讓線帶來配色效果，這時除了依底色的黑色車線外，選擇白色和紅色車縫線就具有顏色加分作用。

裁剪前先熨燙布料，裁剪過程會更準確；縫製過程熨燙縫份或貼襯，讓縫製更順利；縫製後整燙使成品更漂亮。所以熨燙工作在縫製過程中真的是不可少的。

｜熨燙：

熨斗的溫度旋轉鈕上，針對不同布料可提供不同的溫度。例如：毛料布適合中溫，尼龍絲綢適合低溫，棉麻適合中高溫。

熨燙表面有毛狀的燈心絨或毛料布，可以使用耐燙材質的墊布，整燙布料時，蓋在布上防止布料因高溫受損。

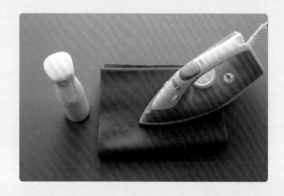

·熨斗沾黏到布襯膠粒該如何清理？

燙襯過程熨斗難免沾黏到布襯膠粒，這時應該馬上清除，可以用噴霧器將熨斗鐵面噴微濕，然後熨斗加熱，同時備一塊布面較粗的布料，熨斗在布上來回移動，重複噴濕的動作（熨斗高溫時，請小心水氣噴濺）和在布上移動，直到膠除掉。

｜幫助袋物更挺的布襯：

布襯一面有膠粒和布的背面相對，透過熨斗加熱產生黏性，冷卻後即可黏著在布料背面，補強袋物。通常是選擇外袋燙襯，幫助袋物更挺、更有型，是縫製袋物不可缺少的材料。

做袋物常用的是紡織型布襯，有布紋方向性，我會選擇三款不同厚度的布襯，應用於不同厚度的布料。另外還有棉襯，除了挺度還會有蓬度，具有緩衝性能保護內容物（例如電腦包）；棉襯有厚度之分，也分有膠和無膠棉，甚至有單面膠和雙面膠。

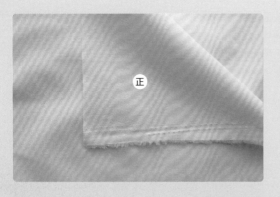

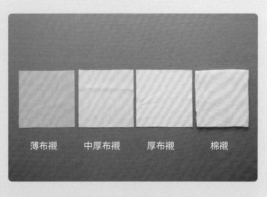

薄布襯　　中厚布襯　　厚布襯　　棉襯

紡織型布襯有布紋方向，針孔凸處的是正面，有膠粒。

常用的布襯有薄布襯、中厚布襯、厚布襯、棉襯。

· 燙布襯和燙棉襯的方法不同

燙布襯可以從布的面向（布正面朝上），或布襯的面向（布襯背面朝上）熨燙。

但燙棉襯只能從布的面向（布正面朝上）熨燙，因為有膠棉襯屬於化纖棉，熨斗不能直接接觸；燙棉襯時熨斗不能停留在布面太久，需要以短暫按壓方式熨燙。

· 燙布襯的方法

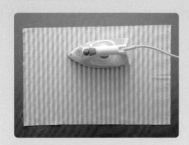  

首先要先將布整燙平順，不能有摺紋，再加入布襯（布襯有膠面朝上，放在布的下方）。開始燙襯時，以垂直方向移動熨斗，不要來回拖曳熨斗。

或用水平移動，布面較大者可以從中間往左右移動熨斗。

千萬不要以斜對角方式移動熨斗，這樣布燙完襯後，可能會呈微斜的樣子。

・布襯要貼到哪裡才對？

幫一塊布加襯，到底是要和布一樣大小（襯含縫份，如圖左）？還是縫份不要有襯（如圖右）？

我個人認為這要視作品的結構複雜度。如果是簡單的包款，可讓襯和布一樣大；複雜包款會有重疊多層布的地方，非主體部分的縫份不要有襯，例如：包本體的襯含縫份，但包外面側口袋的襯就不要含縫份。

襯含縫份的優點 → 襯一起車縫，襯不易脫落。
襯不含縫份的優點 → 降低厚度，容易車縫。

・布襯燙失敗要如何處理？

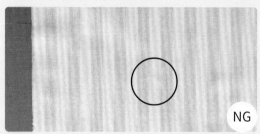

NG

線紗不小心夾在布和襯中間，薄布料正面會看到線紗的存在。

NG

燙襯方法不當，熨斗斜對角來回拖曳，造成布襯皺摺。

 →  →

解決方法：❶ 熨斗在失敗的地方加熱。

❷ 趁熱的狀態，撕開失敗處的布襯。

❸ 整理布襯，再次整燙。

* 這個動作需要迅速，在布襯冷卻前完成。

・薄棉布縫製袋物，如何加強挺度？

美麗的印花棉布常令做袋物的人愛不釋手，但缺點是太薄了，如何補強厚度？

可以先燙薄布襯，再燙厚布襯的方式。如圖中，右是沒有加襯的棉布，中是燙了薄布襯的棉布，左是再燙厚布襯的棉布。

・如何決定布材是否燙襯？

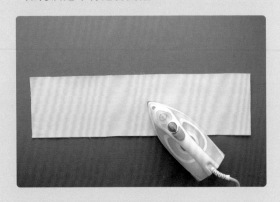

縫製袋物所用的布料是否燙襯，視個人需求與布材，可以利用碎布試燙，感受燙襯之後的挺度再決定是否燙襯，或者決定布襯的厚度。

拉鍊樣式豐富，幫袋物的袋口加上拉鍊，
讓收放功能更齊備也更安心。

關於拉鍊

| 常見拉鍊種類：

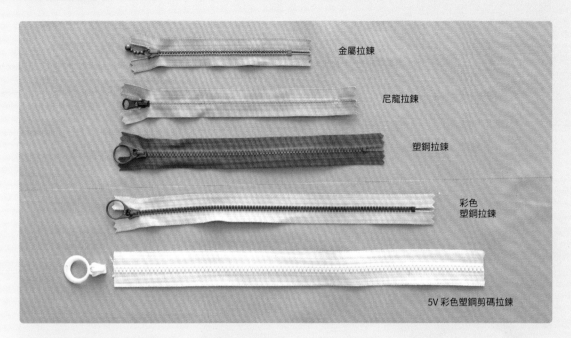

金屬拉鍊

尼龍拉鍊

塑鋼拉鍊

彩色
塑鋼拉鍊

5V 彩色塑鋼剪碼拉鍊

依袋物設計需求，有各種形式、顏色的拉鍊可選擇。

* 5V 指的是拉鍊的齒寬和布邊寬，5V 比 3V 的寬，圖中其他四種為 3V。

· 如何決定拉鍊長度？

拉鍊長度與袋物的關係，可以從袋物有側邊和無側邊去判斷。

袋物有側邊，為了讓袋口拉開拉
鍊時，拉鍊末端的袋口可以完全
展開，拉鍊的長度≧袋口長度＋
1/2 的側邊長度。

無側邊的筆袋，拉鍊的長度就是
袋口長度，因此裁布尺寸，布面
的長度要比拉鍊尺寸多 3 cm。

化妝包型的拉鍊兩端都是封閉，
拉鍊的長度則需要考慮整個袋口
長度再加上袋物好開合的尺寸，
通常比一側袋口尺寸再多 8~12
cm。

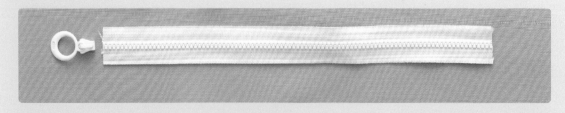

這幾年剪碼拉鍊廣泛應用在袋物上，拉鍊布面和拉鍊頭分開，待拉鍊車縫完成再安裝拉鍊頭。優點是袋口不再被拉鍊的固定尺寸侷限住，設計者可以隨心所欲裁剪需要的拉鍊尺寸；5V 的拉鍊齒大，布面更寬，很適合應用在袋口上。

· 剪碼拉鍊拔齒和安裝拉鍊頭

使用剪碼拉鍊不一定需要拔拉鍊齒，但袋物的布材若偏厚（例如帆布），縫份內的拉鍊齒建議一定要拔掉，否則厚度與硬度會造成縫紉機車針斷針或針趾不美。

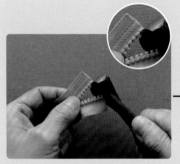 → 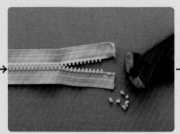 →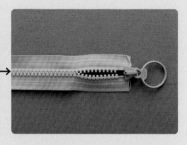

❶ 拔拉鍊齒需要平口鉗工具。平口鉗咬住齒，不要咬到布面，用力往外扯即可。

❷ 例如：車縫縫份是 1 cm，則兩側各拔 3 個齒；布面上若有一點齒屑殘留，只要用手輕撥即可脫落。

❸ 安裝拉鍊頭：拉鍊頭方向朝著拉鍊布面，送入拉鍊布面，兩邊布面要平均前進，另一手可在拉鍊頭後方拉動布面，多練習應該就沒有問題。

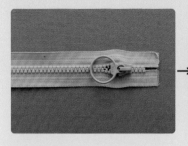 →

❹ 拉鍊頭進入拉鍊，請試著拉動確認順暢。

❺ 如果想要製作雙拉鍊，另一個拉鍊頭則從另一端送入。

＊ 影片：袋口（剪碼）拉鍊車縫。

縫製袋物不可缺席的各種金屬配件，讓袋物使用更有彈性和實用性。每一種配件都有不同尺寸與顏色，搭配得宜作品將更出色。

金屬配件

∣各種釦環安裝：

·插銷磁釦

屬於按壓釦型，可隨時開合，應用在袋口和袋側，有磁性，安裝使用皆容易，作品完成前需先安裝。

準備釦件：
插銷磁釦一組，有分公（左）和母（右）。

使用工具：
拆線刀、鉛筆、珠針、鉗子。

[安裝方式]

 →  →

❶ 在布的背面，安裝位置需要燙上一片布襯，加強耐用度；十字為磁釦的中心位置。

❷ 擋片中心對準十字中心。

❸ 筆依擋片的插銷孔畫出左右插銷位置。

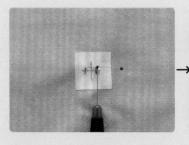 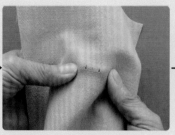 

❹ 拆線刀劃開插銷位置，為防止過度用力，可以在位置前端別珠針。

❺ 劃開兩個插銷孔。

❻ 公磁釦從正面插入插銷腳至背面。

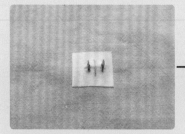  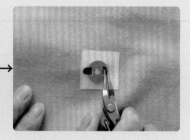

❼ 背面樣。

❽ 擋片粗糙片朝下，蓋上擋片。

❾ 用鉗子夾插銷腳，往外摺，儘量夾在插銷前端，這樣可以一次摺平插銷腳。

 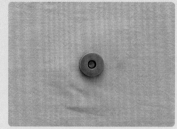

❿ 相同方法安裝母磁釦，完成插銷磁釦安裝。

· 撞釘磁釦

和插銷式磁釦功能一樣，差異在可待作品完成再安裝，釦帽露在外面具有裝飾效果，安裝簡單。

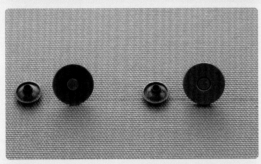

準備釦件：
磁釦一組，有分公（左）和母（右）。

使用工具：
錘子、膠墊板、壓釦上模、2mm 打洞器、壓釦下模。

[安裝方式]

 →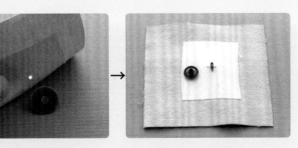

❶ 在布的背面，安裝位置需要燙上一片布襯，加強耐用度，在布上做打洞記號點，使用打洞器在記號點打洞。

❷ 從布的正面放進公磁釦。

❸ 釦帽從布的背面蓋上。

* 如果是完成品袋口的磁釦，則無需加強襯。
* 膠墊板放在最下方。

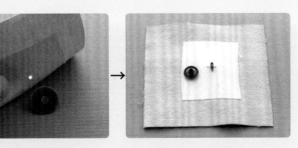
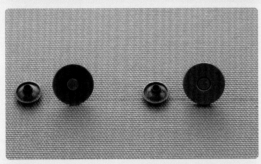

金屬配件

❹ 在磁釦下方放置下模。　　❺　上模有凹槽，放在釦帽上，　　❻ 完成公磁釦。
　　　　　　　　　　　　　　上模的功用在於捶打時穩定不會
　　　　　　　　　　　　　　傷到釦帽，用錘子捶打上模。

❼ 相同方法完成母磁釦。

· 四合壓釦

屬於按壓釦型，也可隨時開合，但需要刻意按壓，應用在袋口或袋側，使用容易，緊合性比磁釦強。

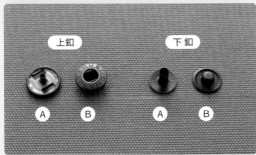

上釦 **下釦**
Ⓐ Ⓑ Ⓐ Ⓑ

準備釦件：
四合壓釦 15 mm 一組
（右邊兩個一組為下釦 AB，左邊兩個一組為上釦 AB）。

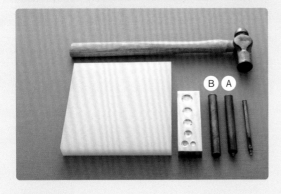

Ⓑ Ⓐ

使用工具：
錘子、膠墊板、萬用打台、15mm 壓釦上模AB（需要和四合釦尺寸配合）、2mm 打洞器。

[安裝方式]

❶ 在布上做打洞記號點，使用打洞器在記號點打洞。

❷ 上釦 A 從正面。

❸ 上釦 B 從布的另一面。

* 膠墊板放在最下方。

❹ 蓋在上釦A上面。

❺ 上釦A放置在萬用打台適合的釦帽尺寸上。

* 打台的功用在於捶打時，保持穩定不會傷到釦帽。

❻ 使用上模工具A，用錘子捶打上釦。

* 上釦容易打歪，捶打時，先輕輕敲打。

❼ 在布上做打洞記號點，使用打洞器在記號點打洞。

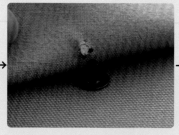

❽ 布的下方放上下釦A。

❾ 下釦B從布的另一面。

❿ 蓋在下釦A上面，按壓讓下釦AB先套準。

⓫ 使用上模工具B，用錘子捶打下釦。

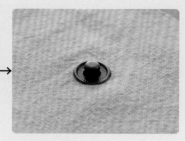

⓬ 下釦完成。

* 如果是薄布，可以在記號點燙襯。

·彩色四合壓釦

塑膠材質，顏色豐富，屬於按壓釦型，可隨時開合，但需要刻意按壓，應用在袋口或袋側，使用容易。

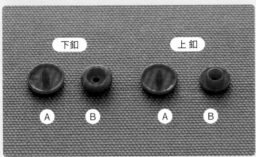

下釦　　　上釦
A　B　A　B

準備釦件：
彩色塑膠四合壓釦 12 mm 一組
（右邊兩個一組為上釦 AB，左邊兩個一組為下釦 AB）。

使用工具：
壓釦工具、錐子。

[安裝方式]

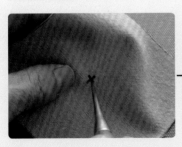 →  →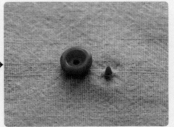

❶ 在布上做記號點，使用錐子在記號點戳洞。　❷ 放下釦 A。　❸ 下釦 B 從布的另一面。

❹ 下釦A在下方，布送進壓釦工具的模槽內，確認釦面和工具的上下模吻合。

❺ 用力握緊壓釦工具前端的把手。

❻ 工具會將下釦A的尖端壓扁，完成下釦。

 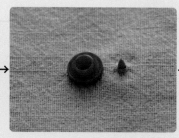 

❼ 放上釦A。

❽ 上釦B從布的另一面。

❾ 使用壓釦工具，完成上釦。

* 如果是薄布，可以在記號點燙襯。

· 鉚釘

屬於固定式，安裝後無法開合，應用在固定提把、夾片或裝飾，彩色的鉚釘更具有色彩加分效果。

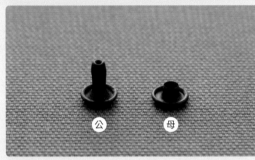

準備釦件：
8 × 8 mm 鉚釘一組（公母）。

* 第一個 8 為釦帽尺寸，第二個 8 是釘腳的長度。

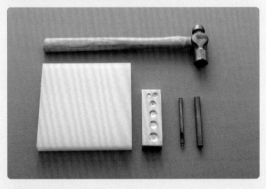

使用工具：錘子、膠墊板、萬用打台、2mm 打洞器、8mm 上模（需要和鉚釘釦帽尺寸配合）。

[安裝方式]

 →  →

❶ 在布上做打洞記號點，使用打洞器在記號點打洞。

❷ 放鉚釘（公）。

❸ 鉚釘（母）從布的另一面，蓋在鉚釘（公）上，按壓鉚釘。

* 膠墊板放在最下方。

❹ 鉚釘（公）放置在萬用打台適合的釦帽尺寸上，鉚釘（母）使用上模工具，錘子捶打上模工具。

❺ 完成。

*上模工具和打台的功用在於捶打時穩定，不會傷到釦帽。

| POINT | 鉚釘腳有不同長度，和物件的厚度相比，太長容易打歪，太短強度不夠，所以要選擇適合的鉚釘腳長度，大致需多出物件面 2~3 mm。

如圖，右邊的鉚釘腳太長，左邊的鉚釘腳剛好。

*當鉚釘腳太長，但又別無選擇時，可以在洞孔位置用增加墊片的方法來增加袋物厚度。

· 雞眼釦

銅環形狀，金屬材質，屬於固定式的，安裝後無法開合，應用在提把揹帶，繩子可穿過去或裝飾功能上。

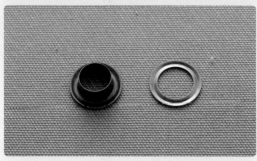

準備釦件：
19 mm 雞眼釦一組。

使用工具：
錘子、膠墊板、9 mm 打洞器、19 mm 上下模
（需要和雞眼釦尺寸配合）。

[安裝方式]

❶ 在布上做打洞記號點，使用打洞器在記號點打洞。

❷ 在布的正面放雞眼釦。

❸ 套片從布的另一面，套片凸面朝上，套住雞眼釦。

* 膠墊板放在最下方。

  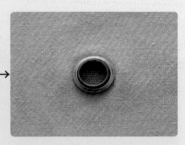

❹ 布正面，雞眼釦放在下模上方，落入下模的溝槽內。

❺ 上模工具從套片面以錘子捶打，壓扁雞眼釦扣住套片。

❻ 完成。

調整揹帶的各式環：

斜揹包是日常使用的包款，加上各式環件，讓袋物的功能性更強更廣。

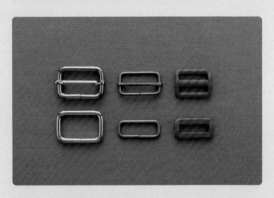 

製作可以調整長度的揹帶一定需要日環（上排），配合織帶寬度會需要不同的尺寸，有金屬和塑膠材質，也有不同的顏色。

如果揹帶是固定式的（無法拆卸），則需口環（下排）和日環搭配。

製作可以拆卸式的揹帶，除了日環外，還需要 D 問號鉤（圖中上排）和 D 環或者三角環（圖中下排），三角環比 D 環具有不易滑動的優點；配合織帶寬度可選用合適的尺寸，有各種顏色、也有金屬和塑膠材質。

·固定式揹帶製作

❶ 備兩條 2.5cm 寬的織帶（一短 A、一長 B）、一個 2.5 cm 的口環、一個 2.5 cm 日環。

❷ 織帶 A 套入口環。

❸ 織帶 B 由日環下方穿進，越過中間橫槓，再穿出日環。

❹ 織帶 B 一端穿進織帶 A 的口環，再往日環方向拉。

❺ 日環處的織帶拉鬆，織帶從日環下方入日環。

❻ 再往左越過橫槓，穿出日環。

❼ 織帶拉出日環，離日環約 4~5 cm，織帶反摺 1~1.5 cm，強力夾固定反摺處。

❽ 織帶反摺處和織帶車縫 2.2 cm × 2 cm（需超過反摺 1.5 cm）長方形車線，完成固定式揹帶。

tips

金屬配件

· 可拆卸式揹帶製作

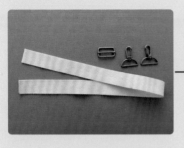

❶ 備一條 3 cm 寬的織帶，一個 3 cm 的日環，兩個 3 cmD 問號鉤。

❷ 織帶由日環下方穿進，越過中間橫槓，再穿出日環。

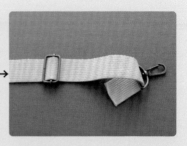

❸ 織帶一端套入 D 問號鉤，往日環方向拉。

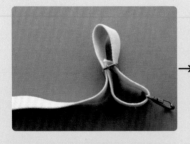

❹ 日環處的織帶拉鬆，織帶從日環下方入日環。

* 金屬日環中間橫槓可移動。

❺ 再往右越過橫槓，穿出日環。

❻ 織帶拉出日環，離日環約 4~5 cm，織帶反摺 1~1.5 cm，強力夾固定反摺處。

❼ 織帶另一端也套入另一個 D 問號鉤，織帶反摺 1~1.5 cm，強力夾固定反摺處。

❽ 織帶穿好一個日環和兩個 D 問號鉤，確認織帶是否同一個面向。

❾ 織帶反摺處和織帶車縫 2.7 cm × 2 cm（需超過反摺 1.5 cm）長方形加上打叉車線。

⑩ 織帶另一端反摺處也是車縫 2.7 cm × 2 cm 長方形加上打叉車線。

⑪ 完成可拆卸式揹帶。

⑫ 袋物袋口安裝雞眼釦,就可以使用可卸式揹帶。

⑬ 袋物袋口若沒有安裝雞眼釦,則再取一小段織帶(約 15~20 cm),套入一個 D 環,D 環織帶車縫在袋口上,這樣也可以。

· 斜揹帶的長度如何拿捏?

成人女生織帶長度約 135 cm;成人男生織帶長度約 180 cm。以這樣的基礎,再加上考慮使用者的身高胖瘦與使用習慣來增減織帶的長度。

· 加強織帶的耐用度

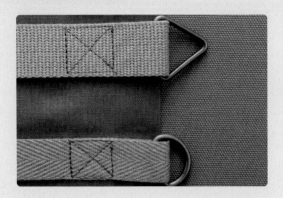

加強袋物揹帶的負重能力，可以在織帶端車縫長方形加上打叉。

· 解決 D 環會轉動的擾人問題

D 環會在織帶內轉動，增加使用者的困擾，連帶影響揹帶的方向。

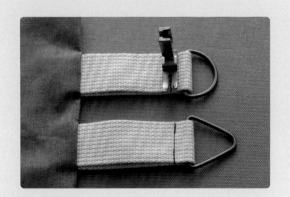

縫紉機壓布腳依著 D 環邊來回車縫，除了加強耐用度外，還能解決 D 環轉動的擾人問題。

提把是袋物的重要靈魂，隨著布材或設計者的想法，
搭配不同材質或尺寸的提把。

提把製作

｜提把的種類：

配合袋物的款式及設計者的想法，手作袋物提把大致有皮革製、織帶中間包棉繩、布製、織帶（由上到下）
等款式。

・標示位置與固定提把的方法

提把的位置需要標示清楚，在車縫或施打時才不會發生錯誤。

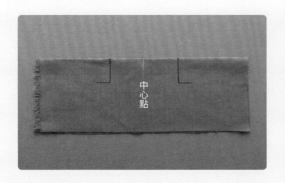

中心
點

❶ 在袋口標示中心記號點，提把的位置畫 L，不
同 L 的方向會提醒縫製者在車縫提把時，提把放
置的位置與方向。

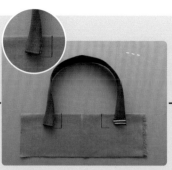

❷ 因織帶有厚度，珠針不容易固定，可以使用手藝用雙面膠帶和長型強力夾。

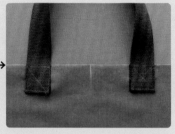

❸ 織帶端反摺處先車縫固定，背面貼雙面膠帶。

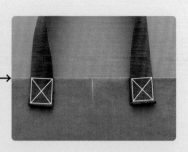

❹ 撕掉背膠，織帶黏貼在標示位置上，在織帶上畫長方形打叉記號線。

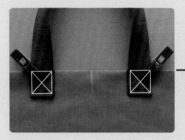

❺ 再用強力夾夾住。

❻ 就可以車縫長方形加打叉。

· 袋口外面的布提把製作

❶ 準備製作提把的用布，如果用布偏薄，可以燙襯。

❷ 兩邊長度皆往內摺 1 cm。

③ 燙出寬度中心線，布攤開。

❹ 上下長邊往中心線摺。　　❺ 再對摺，強力夾固定。　　❻ 四邊皆離邊 0.1~0.2 cm 車縫
　　　　　　　　　　　　　　　　　　　　　　　　　一圈。

| 提把的考量細節：

· 提把在袋物上的位置

提把夾在表裡袋的中間：
這個方法比較簡單，但在完成前就要決定提把的
種類與位置；缺點是會增加袋口車縫的厚度。

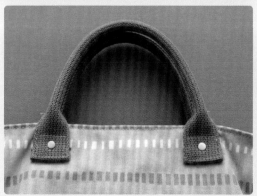

提把在袋物外面：
作品完成後再決定提把的種類與位置；提把材質
如果是織帶，可能還需要再對織帶末端做美化的
工作。

· 提把與袋口的比例

大致是將袋口分成三等份，若袋物屬於特寬口型，也可以加大提把之間的距離。

· 提把長度如何拿捏？

手拿包款：
提把長度約 20 cm~35 cm。

上肩包款：
提把長度約 45 cm~60 cm。

* 使用者的臂膀寬度，冬天揹包款時的衣著厚度……這些因素也都需要納入提把長度的考慮。

· 增加提把強度的方法

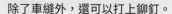

除了車縫外，還可以打上鉚釘。　車縫長方形加上打叉。

袋物的布邊用布條包邊，是縫製袋物處理布邊的常用方法之一。
袋物的形狀為直線與弧線構成，弧形線條的包邊需要使用
有橫紋、直紋兩方向的彈性均等的布條，而 45 度的斜布條即能
達到彈性均等的需求。

斜布條和
袋物布邊

│ 畫 45 度斜布條有兩種方法：

· A 用定規尺上的 45 度線

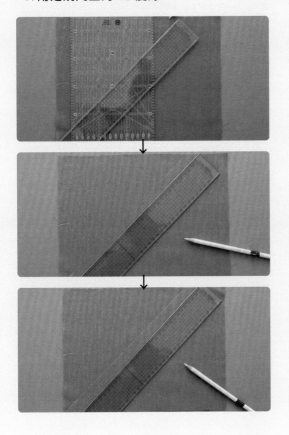

備一塊長方形布，定規尺和布平行放在布上，另
一支方格尺依著定規尺的 45 度線畫線。

畫出一條 45 度的斜布條基準線。

再用方格尺畫出等距的斜布條。

· B 快速取 45 度斜布條

備一塊長方形布。

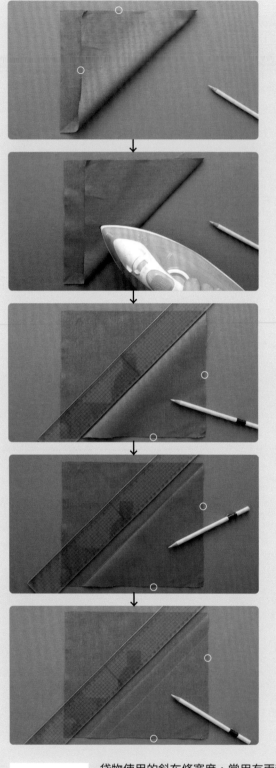

布往上摺，如圖呈兩邊（圈處）等長的等腰直角三角形。

熨燙摺線。

攤開布，尺依著摺痕畫線。

畫出一條 45 度的斜布條基準線。

再用方格尺畫出等距的斜布條。

| POINT |　袋物使用的斜布條寬度，常用有兩種尺寸：
4.5 cm 寬（縫份 1 cm）、3.5 cm 寬（縫份 0.7 cm），以上已有考慮布料厚度，如果包款布料厚度特厚，可視情況調整斜布條的寬度。

｜接縫斜布條：

大尺寸的斜布條耗用布料，所以可用接縫的方式，接縫斜布條有兩種方法。

· A 布條兩端有 45 度斜邊

❶ 準備兩條斜布條。　　　　❷ 布條正面對正面，斜邊對齊
　　　　　　　　　　　　　　　斜邊，布條呈垂直。

❸ 車縫交叉點至另一交叉點（可以先珠針固定後畫線，再依線車縫）。

❹ 布條拉直。　　　❺ 縫份撥開。　　　❻ 剪刀依布邊剪去多餘的布，
　　　　　　　　　　　　　　　　　　　　完成。

· B 布條兩端不規則，沒有 45 度斜邊

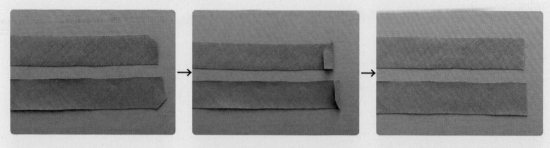

❶ 兩條斜布條的端邊不是 45 度斜邊。

❷ 布邊不平整的部分往裡摺。

❸ 依著摺痕剪去，讓布端平直。

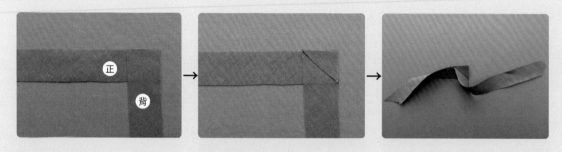

正

背

❹ 布條正面對正面，布條呈垂直狀。

❺ 車縫交叉點至另一交叉點（可以先珠針固定後畫線，再依線車縫）。

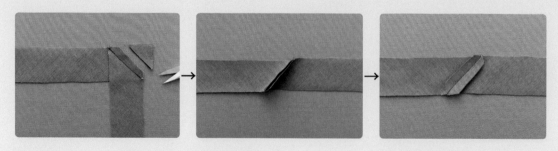

❻ 離車線 0.7 cm 做為縫份，其餘剪去。

❼ 布條拉直。

❽ 縫份撥開，完成。

┃袋內包布邊：

袋物的裡面用包邊的方法，將所有布邊用斜布條包覆住。

袋物使用的包邊是四褶包邊，可以全程用車縫，也可以在最後一個階段使用斜針縫手縫。

· A 直線車縫包邊

❶ 備一片布和一片斜布條。　　❷ 布和布條正面對正面車縫。　　❸ 布條往上掀，整理縫份。

❹ 至背面。

❺ 布條摺一褶至布的布邊。

❻ 布條再摺一褶至車縫線處（剛好落在車線上）。

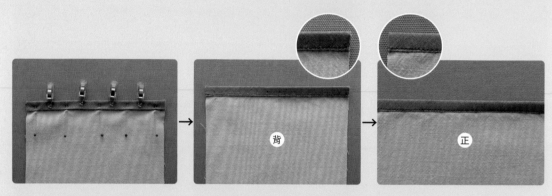

❼ 珠針固定摺邊，以強力夾輔助。

❽ 在背面，離摺邊 0.1 cm 車縫。

❾ 正面樣。

· B 弧形物件如何用布條包邊

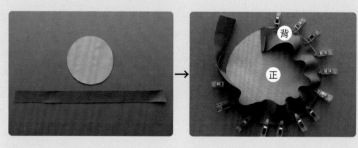

❶ 備一片圓形布和一片斜布條。

❷ 布和布條正面對正面，布條起點反摺 1 cm。

❸ 布條終點和起點重疊 1 cm（不需要反摺）。

❹ 車縫一圈。

❺ 剪牙口。

❻ 牙口深度是縫份的一半，且要垂直車線。

❼ 整理縫份，至背面，布條摺一褶至圓布布邊。

❽ 布條再摺一褶至車縫線處（剛好落在車線上），強力夾固定一圈。

❾ 再以手縫斜針縫縫合，斜針縫針法請參考 P.68，也可以在背面離摺邊 0.1 cm 車縫。

斜布條和袋物布邊

❿ 縫一圈，完成。

⓫ 正面樣。

┃出芽包繩：

出芽包繩可以讓袋物型更挺，斜布條車縫包住 3~5 mm 棉繩，然後再車縫於袋物的外邊，其中包棉繩的作業稱為包繩。

＊影片：出芽包繩車法。

❶ 備 2.8 cm 寬的斜布條及 5 mm 棉繩（比斜布條長），斜布條對摺燙，縫紉機需更換包繩壓布腳。

❷ 包繩壓布腳後方旋轉鈕可以調整壓布腳針孔離車針的距離，車針越貼近壓布腳針孔，包繩成果越完美。

❸ 一邊車縫一邊將棉繩放入布條內，布條內的棉繩緊貼著包繩壓布腳邊車縫，這樣可縫製出緊緻的包繩，車縫過程可以用錐子輔助壓住布條。

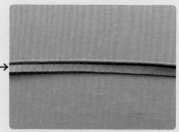

❹ 車縫至布條末端，先不要剪斷棉繩，包繩離開縫紉機，從包繩開始端往末端順斜布條後，再將多餘的棉繩剪去，完成包繩工作。

一字拉鍊口袋車縫

一字拉鍊口袋是袋物的必備口袋，是學習縫製袋物
一定要會的技法之一。

[口袋製作]

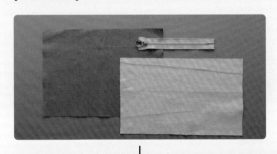

↓

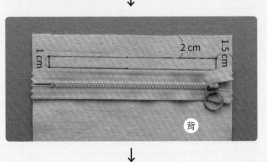

❶ 備綠色袋布、卡其色拉鍊口袋布（寬度 18.5 cm
（A）、長度 40 cm）、15 cm 拉鍊一條。

*A 數字隨著拉鍊尺寸改變。

❷ 一字拉鍊的拉鍊口尺寸＝拉鍊兩端止鐵間的
距離再加 0.5 cm；兩端止鐵需要落在拉鍊口內，
止鐵若落在拉鍊口外，車針車縫到止鐵會斷針。

如圖：在拉鍊口袋布的背面，離口袋布上緣 2
cm，左右 1.5 cm，畫一個 1 cm 高的長方形拉鍊口，
畫線需清楚，跟著清楚畫線車縫，拉鍊口就會很
完美。

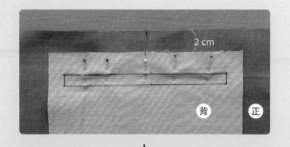

❸ 袋布正面朝上，和拉鍊口袋布正面對正面，兩者中心點對齊，離袋布袋口布邊 2 cm（A），珠針固定拉鍊口。

*A 數字會隨著不同的袋物調整距離，請參考每個作品中的作法說明。

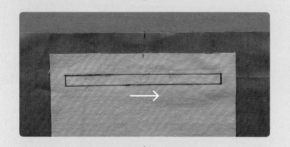

❹ 縫紉機針距建議 2 mm，從拉鍊口的下緣開始車縫。請勿從直角處開始車縫，因為縫紉機來回車縫的車線堆積會造成角落不漂亮。

* 依畫線車縫，快車縫到直角處，可以調小縫紉機針距，讓車針能剛好落在畫線上再轉直角，這一點很重要，切記。

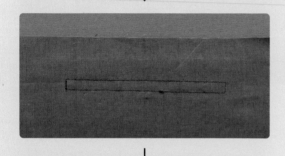

❺ 袋布背面樣。

❻ 拉鍊口高度畫中間線，兩端離 0.5 cm 正對角畫 Y，使用拆線刀依中間線連同袋布一起劃開約 1 cm。

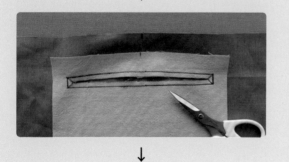

❼ 再使用小剪刀沿線剪開，兩端 Y 也剪，但要小心不要剪到車線，離車線約 0.1 cm。

* 請勿使用大剪刀做這個動作，因為大剪刀的刀鋒厚度會影響視角精準度。

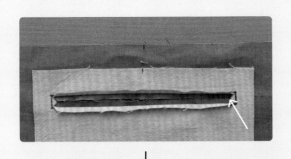

❽ 整理縫份，拉鍊口袋布塞入拉鍊口，如圖中箭頭，口袋布在袋布的背後。

至袋布背後，持續反覆整理拉鍊口的動作，也可以用整燙的方式（如果用布是可以整燙的材質）。

↓

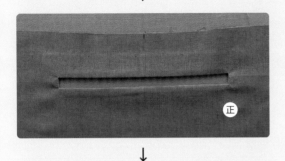

❾ 整理拉鍊口的工作，完美的拉鍊口是直角處平整，從袋布正面，拉鍊口看不到裡面的口袋布。

↓

❿ 至袋布背面，沿著拉鍊口邊上下貼手藝用雙面膠帶。

↓

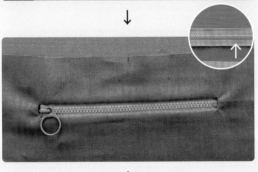

⓫ 請先撕開上邊的膠帶背膠，黏貼好上邊的拉鍊，再黏貼下邊的拉鍊，正面樣。

黏貼拉鍊的距離：
依著第一段拉鍊布面織紋（箭頭處），拉鍊口離拉鍊齒 0.2~0.3 cm。

↓

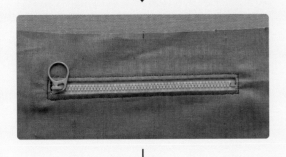

⓬ 在袋布正面，離拉鍊口 0.2 cm 車縫壓線一圈，中間若遇到拉鍊頭，請先停止車縫，讓車針入布，抬縫紉機壓腳，拉動拉鍊頭後，放下縫紉機壓腳繼續車縫。

↓

一字拉鍊口袋車縫

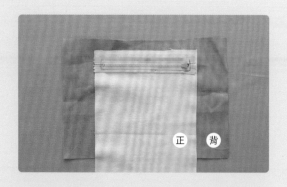

⓭ 車縫一字拉鍊口，背面樣。

⓮ 至袋布背面，拉鍊口袋布往上，正面對正面對摺。

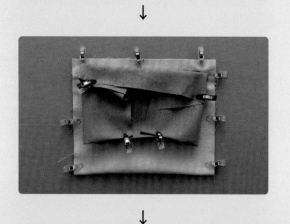

⓯ 強力夾固定拉鍊口袋布三邊；袋布正面朝上，袋布往中間收摺。

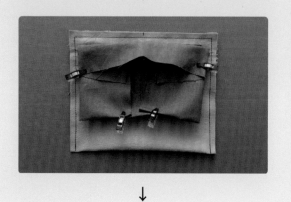

⓰ 車縫拉鍊口袋布時袋布朝上，縫份 0.7 cm 車縫口袋布三邊。

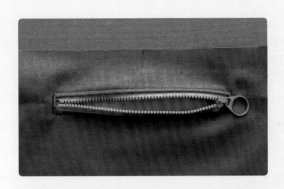

⑰ 完成一字拉鍊口袋車縫。

↓

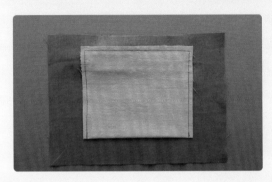

⑱ 背面樣。

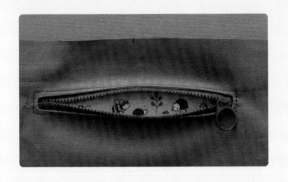

如果拉鍊口袋布的圖案有方向性，在口袋布背面畫拉鍊口的步驟（步驟2）時，拉鍊口需畫在圖案相反的那一端，這樣車縫完成之後打開拉鍊口袋，看到的圖案方向才是正確的。

三款
裡口袋車縫

袋物的裡口袋具有收納功能性,可依自己的使用需求與習慣縫製不同的口袋類型。書中裡口袋因位置不同,提供幾種作法分享;在作品中,你也可以改變口袋的作法與位置。

・口袋製作

❶ 口袋布一片。

❷ 直布紋方向,正面對正面對摺。

❸ A款口袋:縫份 0.7 cm車縫兩側邊。

❹ B款口袋:縫份 0.7 cm車縫兩側邊和底邊,但底邊需約留 4 cm 不車縫做為返口。

❺ 翻至正面,整燙返口和口袋,AB 款皆對摺邊做為袋口,袋口離邊 0.2 cm 車縫壓線。

❻ B款口袋放置在袋身的正面中間位置,通常應用在袋身屬於長型的包。

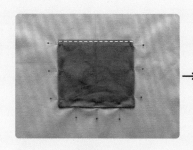

❼ 珠針固定兩側及底邊。

❽ 三邊皆離邊 0.1 cm 車縫壓線。

❾ 口袋的位置不要離袋身的袋口太近，若太近，長型物品會露出袋物外。

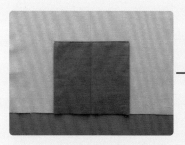

❿ A款口袋放置在袋身的正面中間位置，和袋身的底部對齊，通常應用在袋身屬於短淺型的包。

⓫ 珠針固定兩側邊，底部強力夾固定。

⓬ 兩側邊離邊 0.1 cm 車縫壓線，底部離邊 0.5 cm 車縫。

口袋底

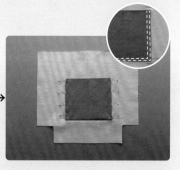

⓭ A1：另外一種A款口袋袋口朝下，和袋身正面對正面，放置在袋身中間，離底的距離至少＝剪去袋角尺寸＋2 cm，畫記號線，口袋底對齊記號線，珠針固定。

⓮ 離口袋底布邊 0.3 cm 車縫。

⓯ 口袋往上翻，珠針固定兩側邊，兩側及底部皆車縫兩道車線，第一道離邊 0.1 cm，第二道離第一道 0.3 cm。

· 如何做出漂亮的口袋直角？

❶ 離車線 0.2 cm，剪去角。

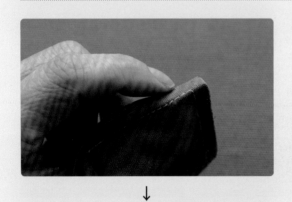

摺角方法

❶ 口袋背面朝外，左手大拇指在內頂住角，食指在外，依車縫線將縫份往下壓摺。

↓

❷ 右手食指往左推另一側縫份給左手食指。

↓

❸ 左手食指再壓住縫份，左手大拇指持續在內頂住角，右手翻口袋，左手大拇指和食指做為支柱不離手。

↓

❹ 翻至正面。

❺ 輔以鑷子由內整理角。

❻ 錐子從外挑角。

以上方法可應用在口袋角的整理,如果布料比較厚,則需先剪去角再摺角。

· 加強袋口耐用度

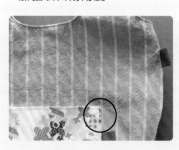

除了袋口縫紉機回針車縫長度與次數外,還可以如右兩個方法來加強。

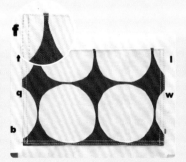

❶ 車縫兩道車線,應用在帆布袋物,兼具配色與耐用功能。

❷ 袋口車縫三角形,三角形邊大約 0.7 cm。

袋角縫製

簡單的扁包透過簡單車縫變成立體，物品可以更好放入，縫製袋物一定要會的基礎就是車縫袋角。

⎮ 以縫製 10cm 袋角為例：

· A 直接剪去法

優點 → 側邊和底邊的車縫線容易對齊，快速完美車縫。
缺點 → 因為已經剪去角，如果要改變袋角的尺寸，只能變大無法變小。

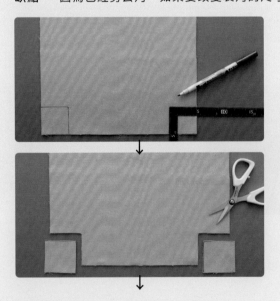

❶ 在袋身的兩側袋底，用直角尺畫 5 cm 正方形。

❷ 兩片袋身皆依畫線各剪去兩個正方形。

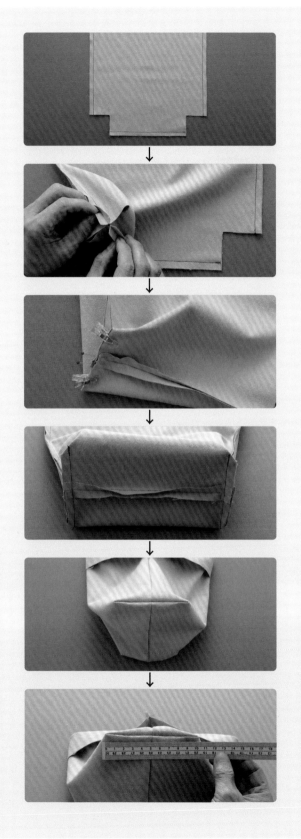

❸ 兩片袋身正面對正面，兩側邊及底邊皆縫份 1 cm 車縫。

❹ 縫份撥開，拉開 L 角，底邊和側邊車縫線對齊。

❺ 壓扁，布邊對齊，縫份用珠針固定，強力夾固定兩側。

❻ 縫份 1 cm 車縫。

❼ 至正面，完成袋角車縫。

❽ 袋角尺寸是 10 cm。

袋角縫製

・B 抓三角法

優點 → 可以改變袋角的大小，直到適合，再剪去；但抓角過程需多練習才會完美。

❶ 兩片袋身正面對正面，兩側邊及底邊皆縫份 1 cm 車縫，這個方法縫份撥開工作要做得確實。

↓

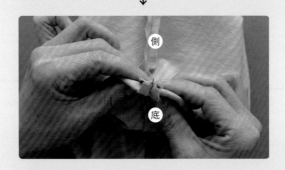

❷ 抓側邊和袋底呈三角扁狀，讓兩者的車縫線重疊且對齊。

↓

❸ 用珠針上下固定兩者的車縫線，珠針需上下一致精準落在兩者的車縫線上。

↓

❹ 尺刻度 5 在車縫線上，0 和 10 落在兩邊。

↓

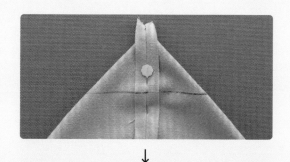

❺ 畫線。

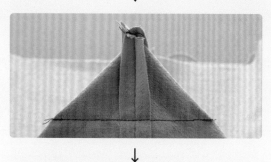

❻ 依畫線車縫。

❼ 翻至正面,檢查側邊和袋底的車縫線是否對齊,如果沒有對齊,請回到背面拆掉車縫線,重新再做固定珠針的動作。

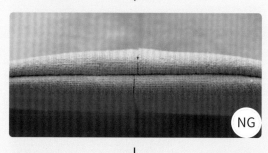

❽ 側邊和袋底的車縫線有對齊,則離車線 1 cm 作為縫份,其餘剪去。

❾ 翻至正面,袋角尺寸是 10 cm。

tips

袋角縫製

袋物的
返口處理

返口是為了完成車縫袋物後,從返口處將袋物翻至正面,最後再縫合返口,結束袋物的縫製工作。

表裡袋以正面對正面車合袋口,最後從返口將袋物整理至正面。

返口需要留多大?

返口留得太小會不容易將袋物取出,也有可能在翻面過程扯破返口,反而讓修補過程更久或作品不完美。

通常以一個拳頭大小來衡量,約 12 cm 左右,讓手可以完全伸入將袋物輕鬆翻出,若是結構更複雜或布材偏厚硬的包款,返口尺寸可能需要更大。

* 返口盡量選擇在直線處,以利縫合作業。

| 裡袋的返口該如何處理？

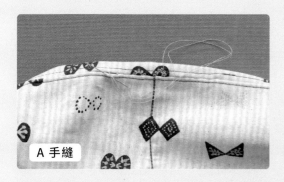

A 手縫

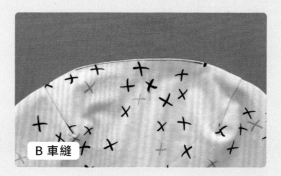

B 車縫

・A 手縫

優點 → 作品較完美；但手縫針距需要小，針距太大物品會勾到。

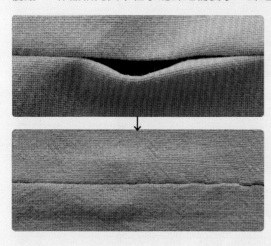

❶ 整理返口的縫份。

❷ 用藏針縫縫合；藏針縫針法請參考 P.66 。

・B 車縫

優點 → 較快速，市售袋物通常使用這方法；但返口處會有凸起狀，所以盡量貼著摺邊車縫。

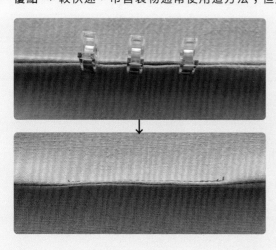

❶ 整理返口縫份，用強力夾固定。

❷ 離邊 0.1 cm 車縫返口。

tips

袋物的返口處理

常用手縫針法

| 藏針縫

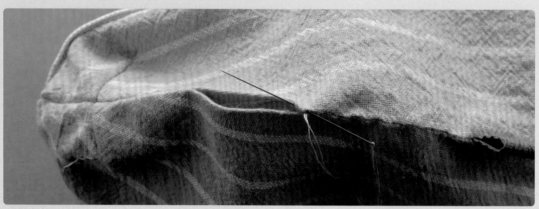

應用在縫合袋物的返口。

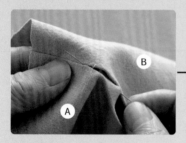

❶ 縫線雙股打結，縫針從 AB 中間的車縫線裡面出針。

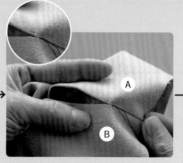

❷ 出針後，布從左邊轉至右邊，縫針從上一步驟的出針孔對面 A 入針，往前約 0.2 cm 出針。

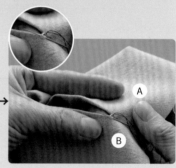

❸ 再至正對面的 B 入針，往前約 0.2 cm 出針。

❹ 重複以上動作，每一針都需要拉攏。

❺ 縫至最後一針，針壓在最後出針的針孔邊，線繞兩圈，之後拔針。

❻ 針從最後一針的針孔入針，線結往裡收，正面看不見線結。

* 以上為手縫藏線結方法，讓線結看不見，作品更完美。

應用在束口布抽繩的收尾。

❶ 縫線雙股打結,縫針從裡面的車縫線處入針,正面出針。

* 因為縮縫方法會用力拉縫線,從車縫處出針會比較牢固。

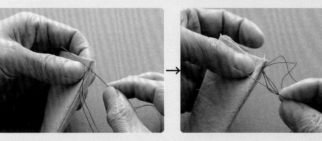

❷ 在出針處縫一小針。

❸ 形成一個線圈,針再入線圈,拉緊,加強耐拉牢固性。

❹ 離布邊 0.7 cm,每一針的距離約 0.3 cm,上下平針縫。

❺ 縫一圈。

❻ 縫線微拉緊,手推布邊往內摺入,束口棉繩打結,塞進布內。

❼ 拉緊縫線。

❽ 縫線打結，不要剪線，針入對面的棉繩，往前約 0.2 cm 再出針。

❾ 應用藏針縫針法將布和棉繩互縫一圈，更牢固。

┃斜針縫

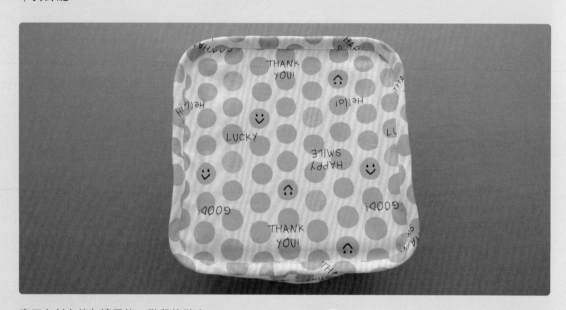

應用在斜布條包邊最後一階段的縫合。

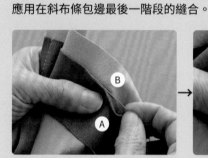

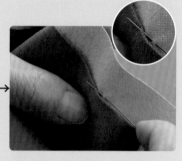

❶ 縫線單股打結，綠色為包邊布條（A），卡其色為袋物（B），縫針從布條內入針再微斜從布條摺邊出針。

❷ 縫針從出針的正對面微往內縮，縫 B 一小針約 0.1 cm，不要拔針。

❸ 針微斜往前約 0.2 cm 至 A 摺邊縫一小針約 0.1 cm，拔針。

* 布條先摺 1 cm。

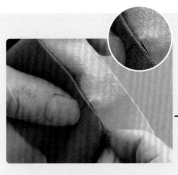 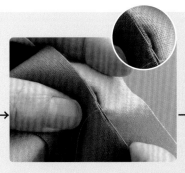 

❹ 再至對面微內縮縫 B 一小針約 0.1 cm，不要拔針。

❺ 針微斜往前約 0.2 cm 至 A 摺邊縫一小針約 0.1 cm，拔針。

❻ 重複以上動作，每一針都需要拉攏。

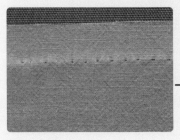 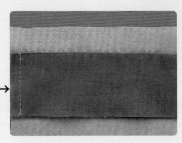

❼ 背面樣。

❽ 正面樣。

常用手縫針法

特殊材質
車縫

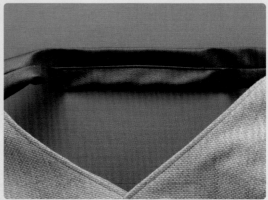

遇到特殊的布料材質，如 PVC、防水布、合成皮，因質料特性不同，車縫製作時需要使用工具協助，讓車縫順利完成又完美。

｜ 如何做記號？

布用記號筆不易在皮革布或 PVC 果凍布做記號，這時可以使用市售的擦擦筆替代，擦擦筆記號能用橡皮擦擦拭。

｜ 固定方法

合成皮革可以使用強力夾固定，如果用珠針，則要落針在縫份外。

可以用尺寸較窄的 3 mm 手藝用雙面膠帶固定。

可以用紙膠帶和長型強力夾固定。

車縫技巧

縫紉機更換皮革壓布腳進行車縫。

車縫特殊材質也可以試著調整縫紉機壓布腳壓力
（圈選處），請參考手冊調整，有時可以改善布料
的帶動，讓成品針趾更完美。

* 建議先用裁剪剩餘布塊試車，得到最完美的車縫效果後，再
正式車縫袋物，畢竟特殊材質不耐拆。

特殊材質車縫

提升袋物質量
的車縫技巧

Q. 裡袋布材要注意什麼？

A

考量到袋物的收納功能，因包裡常有鑰匙、筆、充電線等小物品，裡布的布材應避免容易勾線或太單薄的雙層紗或刺繡棉布材質。

Q. 裁好的布片該如何收放？

A

完成裁剪布片或燙布襯後，待用的布片可能會很多，也有許多零散小布片，如果不會立即車縫，應該要先整理好用布，節省整燙工序，可將布片疊放，以硬紙軸一起捲收。

A

硬的紙軸可以保護布片，不受擠壓，取出車縫時，不需要花太多時間再次整燙。

Q. 縫紉機車縫的針距該設定多少？

車縫是指兩物件正面對正面，在物件背面進行縫合；
使用袋物承裝物品，重量的耐用度是重點，而縫紉機針距的大小即攸關到袋物的耐用程度。

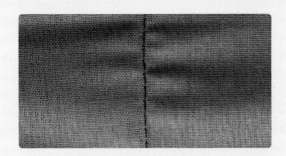 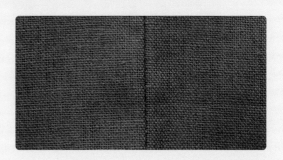

X 車縫時，縫紉機針距設定在 3 mm，袋物裝物品撐開時，會看見縫線，耐用度不佳。

A 車縫時，縫紉機針距設定在 2 mm，袋物裝物品撐開時，看不到縫線，耐用度較佳。

* 但也不要針距值很小，一來縫紉機不易前進，再來車縫過程若需拆縫線會很難拆，甚至破壞布材。

* 厚布料可設定在 2.5 mm。

Q. 壓線時縫紉機針距值該設定多少？

A 壓線是指在物件正面車縫，可能是固定縫份，或者袋口裝飾線。

 → 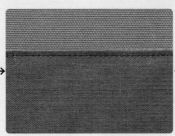 →

縫紉機針距設定在 2.5～3 mm。

袋口壓線時，針趾漂亮、明顯清楚。

側邊縫份倒向左右壓線；若遇厚度較厚的布材，例如：帆布、毛料布時，針距也可能調至 3 mm。

提升袋物質量的車縫技巧

Q. 車縫袋物必須知道的縫紉機壓布腳壓力

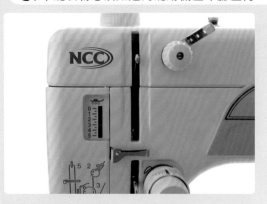

A

車縫袋物如布材偏厚，出現針趾不美，或者不易前進，除了更換車針，也可以參考縫紉機手冊，調整壓布腳的壓力值變大或變小。

Q. 縫紉機車縫袋物常用的特殊壓布腳

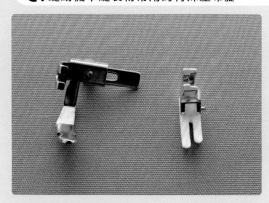

A

針對不同的縫製物件或布材，縫紉機需要搭配不同的壓布腳，幫助車縫更順暢。

縫製袋物常用的壓布腳：
拉鍊壓布腳／出芽壓布腳（圖左）、
皮革壓布腳（圖右）。

Q. 如何車縫出漂亮的弧形？

 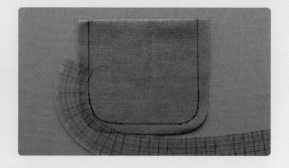

A 包款若有蓋子設計，完美車縫的蓋子弧度是視覺重點，可以用縫份曲尺畫車縫記號線，依畫線車縫；車縫到弧度處時，縫紉機針距調小或勤抬壓布腳，這樣就能車縫出漂亮的弧形線條。

Q. 讓袋物更細緻有變化的小訣竅

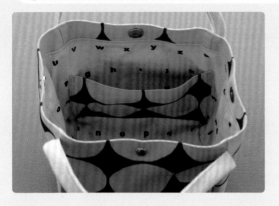

A

用表袋的布材縫製裡袋的口袋，表裡布材呼應，
增添裡袋的變化。

Q. 面對不穩定性的布材，裁布燙襯如何完美？

面對不穩定性的布材，例如毛料或亞麻布，可參考以下方法：
先大致裁剪布燙襯後，再精準裁剪。

A 解決方法：
裁剪比紙型更大一點的毛料布，整片毛
料布燙襯。

↓

X 毛料布先裁剪後燙襯，呈現格
紋歪斜現象。

NG

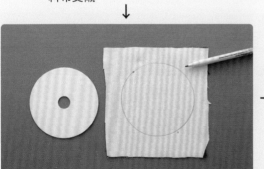

A 在布襯的面向進行畫布工作，然後裁
剪。

→

A 完美將毛料布裁剪加襯（如圖右）。

OK

Q. 裡袋的高度需要比外袋小嗎？

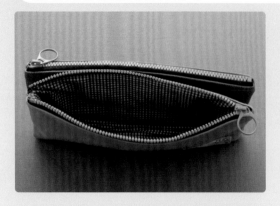

A

針對這點，每個設計者可能會不同的看法，但我會對淺包款的裡袋在高度的縫份做調整，例如：筆袋的裡袋底部，在車縫時的縫份會比表袋多 0.5 cm，這樣完成時，裡袋的底會比較平整。

為什麼需要這樣的調整，是因為表袋袋底縫份堆積讓裡袋底會向上的關係，所以縫份做微幅調整，當然也可以在裁剪時在尺寸上修正。

Q. 利用底板讓包更有型

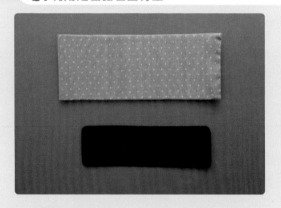

A

方底包款可以在袋底放塑膠底板，讓包型不會因為內容物品走樣，塑膠板四個角記得剪圓，才不至於戳破袋物；也可以用布材做布套，放進塑膠板，布套四個角以手縫方法固定在裡袋底，更提升袋物的質感，作法請參考 P.191。

Q. 弧度的縫份該如何處理？剪牙口的訣竅

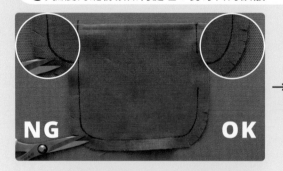

NG　　OK

A 弧度處先剪牙口，讓袋物翻至正面時，弧度處線條才會順。牙口的深度約為縫份的 1/2，牙口的角度要和車線垂直；圖中左邊牙口角度不對，右邊才正確。

→

A 正確剪牙口後，翻至正面，弧度處完美。

Q. 厚布料（毛料布、帆布）弧度的縫份該如何處理？

A 厚布料的弧度處也可用剪牙口的方法。

X 剪牙口後，翻至正面樣，因布太厚，弧度處線條還是沒有很完美。

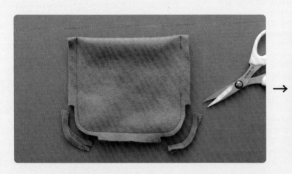

A 厚布料將弧度處的縫份，剪去 1/2 的方法會更有效。

A 翻至正面，弧度處完美。

Q. 弧度和直線車縫時，直線物件需要剪牙口

A

橢圓袋底和袋身車縫時，橢圓弧度處和袋身用珠針固定，如果袋身這個部分有剪牙口，牙口深度約 0.7 cm（縫份 1 cm），就容易展開和弧度處固定，可幫助弧度車縫更順利更完美。

Q. 紙型上的雙符號 》是甚麼意思？

A

紙型上的雙符號是指：紙型是裁剪布材的 1/2，
裁剪布材時，布材需要對摺，紙型的雙符號邊對
齊布的對摺邊，裁剪時，布材對摺邊不能裁剪開。

* 布對摺裁剪前，請先整燙。

Q. 任何布材都可以對摺裁剪嗎？

A

太厚的布料例如：帆布、毛料布，或特殊材質：
防水布、皮革布，以上的布材都不適合對摺裁剪。

因為太厚的布料對摺，裁剪尺寸會失精準；特殊
材質則不易且不宜對摺。

Q. 厚布料或特殊材質如何裁剪紙型上的雙符號？

A

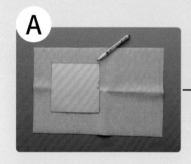 → 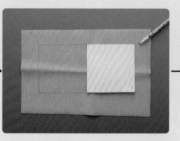 →

紙型放在合成皮革的背面，依紙
型畫。

紙型水平翻面，對齊上個步驟畫
的雙記號線。

畫出完整的紙型尺寸。

Q. 袋物拉鍊方向要一致

A

我會留意讓袋物的表裡所有拉鍊都往同一個方向拉動，甚至考慮使用者的使用方向，這是手作的貼心。

Q. 貼手藝用雙面膠帶的方法

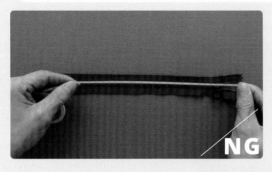

NG

OK

X 手藝用雙面膠帶是手作人的好幫手，但黏貼時，請勿使用做美勞的方式，拉開長長的膠帶黏貼，這種貼法可能會造成車縫後拉鍊布面有波紋的現象。

A 正確拉鍊貼膠帶的方式：
拉 1~2 cm 膠帶，壓貼膠帶，確認黏貼，再往前 1~2 cm 黏貼，重複以上動作，最後以壓撕膠帶的動作結束黏貼，不要用剪刀剪，以撕的方法產生不規則邊，比較容易撕掉背膠。

Q. 車縫時，兩物件長度不吻合（差一點點），該如何解決？

A 袋物在最後階段車合時，發生上下物件的結合長度差一點點是常見的現象，這時我會將尺寸長的物件朝下，放在縫紉機平台的下方進行車縫，通常都會解決這個問題，你也可以試試看。

提升袋物質量的車縫技巧

A

在袋物上做記號點是每次車縫都會需要的工作，尤其不同形狀的布片車縫更需要做記號點，通常發生在袋身和袋底結合，或者表裡袋口車縫等，標出正確的等分記號點，有助車縫工作順暢。

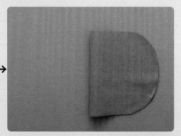

橢圓袋底如何做四等分記號點？　　長邊對摺。

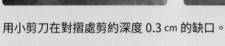

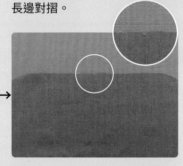

用小剪刀在對摺處剪約深度 0.3 cm 的缺口。

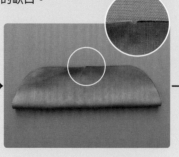

上下皆剪出中心點標示。　　上下中心點對齊，短邊對摺，也　　上下左右四等分記號點。
　　　　　　　　　　　　　　可以用記號筆畫左右記號點。

* 請勿以直接摺四等分的方式做記號點，這樣記號點會失精準。

Q. 表裡袋結合時，袋口如何互套？

縫製袋物的最後階段，表裡袋互相套住，縫合袋口，這個動作教室裡的學生常常會做錯。
其實很簡單，只要記得「一正一反，正面對正面」的口訣。

至於選擇 A 或 B 的面向呢？大都是要看袋物的複雜度，表袋較複雜的通常選擇 A。

A 表袋往裡袋套入

表袋正面，裡袋反面。

表袋往裡袋套入，形成正面對正面。

B 裡袋往表袋套入

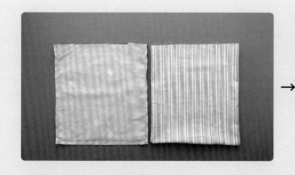

或者表袋反面，裡袋正面。

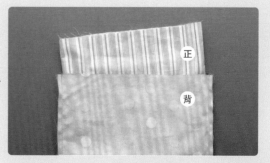

裡袋往表袋套入，也是形成正面對正面。

提升袋物質量的車縫技巧

PART

2

包 設 計 ×15

Item

亞麻托特包

01

完成尺寸（不含提把）_
長 39 cm ✕ 寬 10 cm ✕ 高 31 cm

學習重點 _
1. 袋角車縫。
2. 布提把車縫。

作品布材 _
A. 表袋：厚亞麻布
B. 裡袋：雙面棉麻布

用布量（110cm 幅寬）_
A. 表袋 2.5 尺，B. 裡袋 1.5 尺
（布無圖案方向性）

✂ **裁布說明**（已含縫份）

▪ 表袋前後 (A)	41 ✕ 75 ↕ cm	一片
▪ 提把 (A)	41 ✕ 12 ↕ cm	兩片
▪ 裡袋前後 (B)	41 ✕ 38 ↕ cm	兩片
▪ 裡口袋 (B)	26 ✕ 30 ↕ cm	一片

注意事項：示範作品的用布料是特殊 41cm 幅寬的布料，布邊露在袋子外邊更顯自然風格，若提把需收邊，請參考 P.40。

1' 提把車縫：

1 依尺寸裁剪提把布兩片。

2 提把布短邊四等分摺，強力夾固定，製作布提把請參考 P.40。

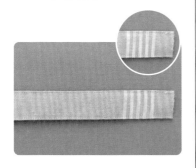

3 兩長邊皆離摺邊 0.2 cm 車縫壓線。

2' 表袋車縫：

1 依尺寸裁剪表袋布一片。

2 表袋直布紋方向正面對正面對摺，對摺邊為袋底，強力夾固定兩側邊。

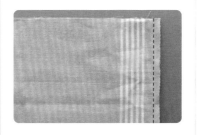

3 車縫兩側邊。

4 縫份撥開。

袋底線

5 燙出袋底線，袋底壓扁且袋底線置中，呈三角形扁狀。

6 袋底線。

7 袋側線和袋底線對齊，用珠針固定側線和底線（照片為袋側線在上面）。作品完成袋角尺寸為 10 cm，所以直尺的 5 對齊側線，0 和 10 對齊三角的兩側點，畫出車線。

8 依畫線車縫。

9 縫份留 1 cm，其餘剪去，抓袋角方法請參考 P.62。

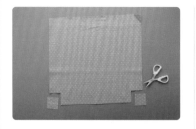

1 依尺寸裁剪裡袋兩片。袋子的袋角尺寸為 10 cm，所以兩片裡袋布袋底的兩角皆剪去 5 × 5 cm; 畫袋角的方法請參考 P.60。

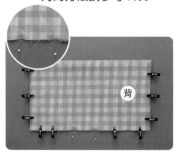

2 依尺寸裁剪裡口袋。裡口袋直布紋正面對正面對摺，強力夾固定三邊，兩珠針間約 3~4 cm 做為返口；裡口袋車縫請參考 P.56。

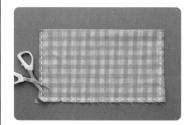

3 縫份 0.7 cm 車縫三邊，唯口袋底返口不車，剪去兩角；做出漂亮的口袋直角請參考 P.58。

返口

4 口袋翻至正面，袋口離摺邊 0.2 cm 車縫壓線。

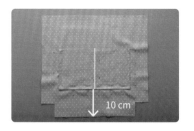

10 cm

5 裡袋正面朝上，裡口袋底離裡袋底 10 cm 且置中的位置，珠針固定三邊，同時畫出口袋兩等分的分隔記號線，珠針固定口袋和記號線。

6 離口袋摺邊 0.1 cm 車縫壓線口袋兩側和袋底，並依畫線車縫分隔線。

practice

4' 表裡袋袋口車縫

7 兩片裡袋身正面對正面，強力夾固定兩袋側及袋底，袋底兩珠針間約為 12 cm 做為返口；返口的學問請參考 P.64。

10 車縫兩邊袋角；抓袋角方法請參考 P.60 。

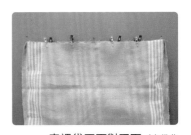

1 表裡袋正面對正面（表袋背面朝外，裡袋正面朝外），裡袋往表袋套入，兩者中心點和側邊車縫線對齊，強力夾固定袋口一圈；表裡袋口結合車縫時，面向問題請參考 P.81。

8 車縫兩側及袋底，唯返口不車，縫份皆撥開。

2 車縫袋口一圈，整理縫份。

9 袋底兩角的 L 型往左右拉，讓袋底和側邊兩者的車縫線對齊，呈扁狀，珠針固定。

3 從裡袋的袋底返口將表袋抓出，翻至正面，整理袋口，整燙，用強力夾固定。

5' 袋口提把車縫：

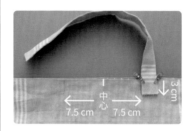

4 離袋口邊 0.5 cm 車縫壓線袋口一圈。

1 在表袋正面離袋口中心左右 7.5 cm 及袋口往下 3 cm，畫出提把的位置；畫提把的位置方法請參考 P.39。

4 整理裡袋底的返口，離摺邊 0.1 cm 車縫返口；返口處理方法請參考 P.65。

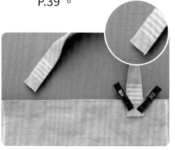

2 提把兩端畫上 2.5 cm 高的長方形及打叉的車縫記號線，使用長強力夾及膠帶固定在表袋口正面上；提把固定方法請參考 P.40。

5 完成。

3 依照畫線車縫。

* 因為是表裡袋一起車縫提把，所以裡袋的布要順好。

practice

亞麻托特包

捲收
購物袋

02 實物紙型 **A** 面

完成尺寸 _
長 31 cm × 寬 11 cm × 高 37 cm

學習重點 _
單提把縫製。

作品布材 _
A. 表袋：厚棉布
B. 裡袋：厚棉布

用布量（110cm 幅寬）**_**
A. 表袋 1.5 尺，B. 裡袋 1.5 尺
（布無圖案方向性）

✂ **裁布說明**（已含縫份）

- 表袋前後（A）　　　　（參紙型）　　　　兩片

- 裡袋前後（B）　　　　（參紙型）　　　　兩片

⚙ **配件**

彩色四合釦 | 一組

注意事項：布料材質選擇勿太厚質，薄質布料收納時較輕巧。

1' 表袋車縫：

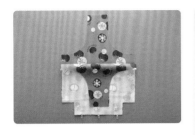

1 依紙型裁剪表袋布兩片，兩片表袋正面對正面，袋底對齊，強力夾固定。

4 表袋正面對正面，一側邊對齊，強力夾固定，車縫。

6 另一側邊也是相同方法車合及壓線。

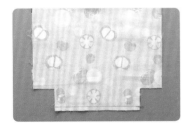

2 車縫袋底。

5 縫份撥開，至正面，離側邊車縫線左右 0.2 cm 車縫壓線。

7 至背面，將袋底和袋側的車縫線對齊，L 型袋角呈扁狀，珠針固定袋角；抓袋角方法請參考 P.60。

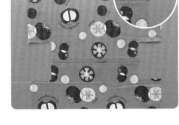

3 縫份撥開，至正面，離袋底車縫線的兩側 0.2 cm 車縫壓線。

8 車縫兩袋角，正面完成樣。

捲收購物袋

2' 裡袋車縫：

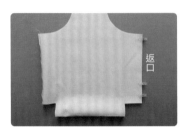

1 依紙型裁剪裡袋布兩片。裡袋的袋底和袋側也是和表袋相同方法車合及壓線，唯有一側邊需留約10 cm不車，做為返口。

2 裡袋正面側邊返口樣。

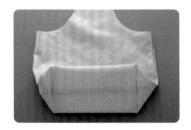

3 和表袋袋底相同方法車縫兩袋角，正面完成樣。

3' 表裡袋袋口車縫，提把車合：

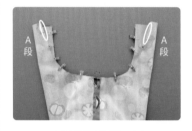

1 表裡袋正面對正面（表袋背面朝外，裡袋正面朝外），裡袋往表袋套入，表裡結合面向請參考P.81；兩者側邊車縫線對齊，珠針固定，強力夾固定兩側U，依紙型標示A段。

* 選擇一側邊的左右端作為兩個A段。

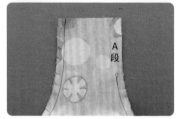

2 車縫兩側U，唯有上圖兩圈選處7 cm（A段）不車，弧度處剪牙口，整理縫份，從裡袋側邊返口翻至正面；剪牙口方法請參考P.76。

3 兩A段表裡展開正面對正面（背面朝外），縫份撥開，車縫線對齊且珠針固定，強力夾固定兩表和兩裡，車縫，將兩個A段車合（A縫合線）。

4' 袋口壓線，安裝彩色四合釦：

1 車合的 A 段，A 縫合線縫份撥開，A 段表裡皆相互往內摺入 1 cm，整理左右側 U，強力夾固定左右側 U 袋口。

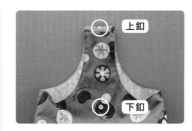
上釦
下釦

4 釘上彩色四合釦；釘彩色四合釦方法請參考 P.29。

2 左右側 U 離邊 0.2cm 車縫壓線。
建議初學者 A 段可以先用藏針縫縫合，這樣比較容易車縫壓線；藏針縫針法請參考 P.66。

5 下釦朝下，袋身兩側邊往中間摺，再從袋底往提把方向捲收，扣四合釦。

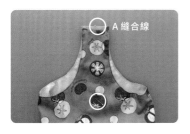
A 縫合線

3 標釘四合釦兩個位置：在袋身中心，離 A 縫合線往上 2 cm，往下 14 cm，圖中圈選處。
四合釦的位置有時候會因選擇的布料厚度有所不同，所以標記號釘釦前，可以先捲收看看。

6 收納樣，完成。

* 裡袋側返口處理方法請參考 P.65。

摺一摺,捲起來!

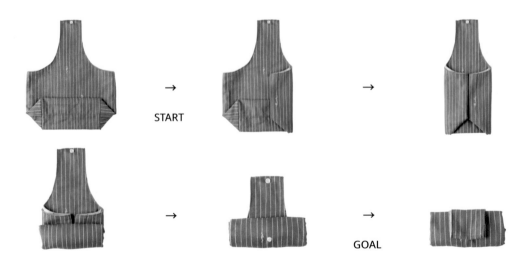

START

GOAL

捲收購物袋

外摺袋角
肩揹包

03 ┃ 實物紙型 **A** 面

完成尺寸（不含提把）_

長 39 cm ×寬 12 cm ×高 33 cm

學習重點 _

1. 側邊叉口車縫。
2. 外摺袋角車縫。

作品布材 _

A. 表袋：刺繡棉麻布

B. 裡袋：水洗牛仔布

C. 提把：水洗牛仔布

用布量（110cm 幅寬）_

A. 表袋 2.5 尺，B. 裡袋 1.5 尺，C. 提把 1 尺

（布無圖案方向性）

✂ **裁布說明**（已含縫份）

▪ 表袋前後 (A)	（參紙型 ❶）	兩片 ▨
▪ 裡口袋 (A)	25 × 30 ↕ cm	一片
▪ 裡拉鍊口袋 (A)	21 × 35 ↕ cm	一片
▪ 裡袋前後 (B)	（參紙型 ❷）	兩片
▪ 提把 (C)	40 × 16 ↕ cm	一片 1/2 ▨

▨ 表示燙厚襯，1/2 ▨ 表示布一半燙布襯；是否燙襯視選擇布材。

↺ **配件**

拉鍊 18cm | 一條
撞釘磁釦 直徑 18mm | 一組

注意事項：裡袋沒有留返口，翻面從側邊車止點處。

1' 提把車縫：

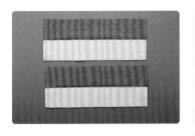

1 依尺寸裁剪提把布兩片，兩片提把布寬度的一半燙厚布襯。

4 離邊 0.2cm 車縫壓線兩提把布的兩長邊（先車縫強力夾那一側）；布提把製作請參考 P.40。

2 提把布短邊四等分摺燙。

↓ 對摺邊

3 強力夾固定兩長邊。

2' 裡袋口袋和一字拉鍊口袋車縫：

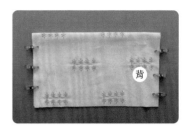

背

1 依尺寸裁剪裡口袋一片，口袋直布紋正面對正面對摺，強力夾固定兩側邊；裡口袋車縫請參考 P.56。

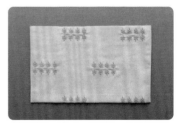

2 縫份 0.7 cm 車縫兩側邊。

3 翻至正面，整燙。

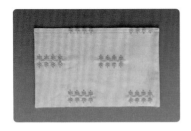

4 袋口車縫兩道車線
（分別離邊 0.5 cm、1 cm）。

7 口袋往裡袋口翻，珠針固定口袋兩側，同時畫出口袋兩等分的分隔記號線，珠針固定袋身和分隔記號線。

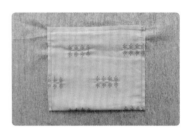

10 裡袋完成一字拉鍊口袋，背面樣。

5 依紙型裁剪裡袋兩片，取一片裡袋正面朝上，離袋底 10 cm 畫一條記號線，口袋袋口朝下，口袋底對齊記號線且放置於中間，珠針固定；裡口袋車縫請參考 P.57。

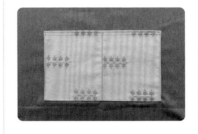

8 離口袋兩側邊 0.2 cm 車縫，口袋底部車縫兩道車線，車縫分隔記號線，袋口車縫三角形；加強袋口耐用度請參考 P.59。

6 離口袋底布邊 0.3 cm 車縫一道。

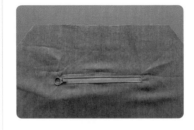

9 另一片裡袋正面朝上，拉鍊口袋布離裡袋口 10 cm（因為袋口會安裝撞釘磁釦），和裡袋正面對正面，車縫一字拉鍊口袋；一字拉鍊口袋車縫請參考 P.51。

3' 表裡袋袋口車縫：

1 依紙型裁剪表袋兩片，任取一片表袋和裡袋，正面對正面，珠針固定兩者的袋口，車縫。

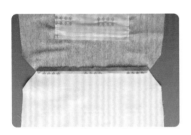

2 縫份撥開，另一組表裡袋也是相同方法車縫袋口。

4' 表袋底摺角，側邊車縫：

1 兩組的表袋底正面對正面，珠針固定，車縫。

2 縫份撥開，整燙。

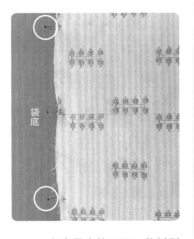

3 在表袋底的正面，依紙型標出袋底褶 C 點的位置（藍色珠針）。

4 袋底（紅色珠針）往兩側藍色珠針摺（W形），形成三個點重疊（兩表袋身正面對正面），珠針固定三者；另一側邊也是相同方法摺袋底角。

5 珠針固定表袋兩側邊，兩側邊依紙型標側車止點 B（圖中圈選處）；袋底褶較厚，可以用長夾固定。

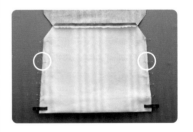

6 從車止點 B 車縫至袋底。

外摺袋角肩揹包

5' 裡袋側邊、袋底、袋角車縫：

1 兩裡袋身正面對正面，珠針固定兩側邊，兩側邊依紙型標側車止點 B（圖中圈選處）。

4 車縫袋底。

7 翻至正面樣。

2 從車止點 B 車縫至側底，縫份左右撥開。

5 裡袋底縫份左右撥開，袋底和袋側兩者的車縫線對齊，形成壓扁狀，珠針固定兩者車縫線的縫份處及兩側；袋角車縫請參考 P.60。

3 兩裡袋底正面對正面，珠針固定裡袋底。

6 車縫裡袋角。

6' 側邊叉口車縫：

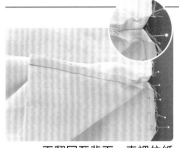

1 再翻回至背面，表裡依紙型標側車止點 A，共計八點。以下動作僅做一個側邊：表裡的車止點 B 拉開，表裡正面對正面，一表一裡的 A 點對齊，從 A 點至另一相對 A 點用珠針固定。

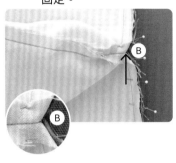

2 一表一裡的側車止點 B 對齊。

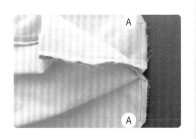

3 車縫 A 點至 A 點。
* 不要車至布邊。

4 從另一側邊的側車止點 A 處，翻至正面。

5 上一個步驟車縫 A 點至 A 點，正面完成樣（A 側）。

6 另一側邊的止點 A 至 A 點尚未車縫樣（B 側）。

7 裡袋往表袋收入，B 側表裡 A 點至另一相對的 A 點各自往內摺 1 cm，表裡 B 點對齊，珠針固定。

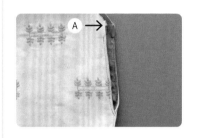

8 在正面，離兩個 A 點 1.5 cm 且離摺邊 0.2 cm 車縫壓線 V。

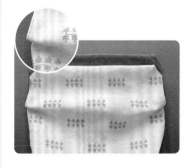

9 A 側的 A 點至 A 點也是車縫壓線 V。

7' 斜口提把車縫，袋口壓線，釘袋口磁釦：

1 在提把置入的斜口處，表裡各自往內摺 1 cm，提把離端點 1 cm 畫線，提把和斜口的兩中心對齊，放進斜口內（表裡的中間），1 cm 畫線對齊斜口，強力夾固定或者用貼雙面膠帶的方法固定；固定提把方法請參考 P.40。

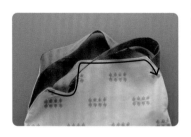

2 離邊 0.2 cm 車縫壓線固定提把及袋口，然後再車縫至提把的另一端斜口處（同一面的 A 點至 A 點）；另一邊提把和袋口也是相同法車合壓線。

3 裡面樣。

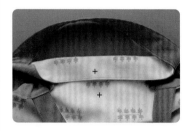

4 標袋口兩個撞釘磁釦位置：一個離袋口中間 1.5 cm（裡拉鍊口袋那面）（A面），一個離袋口中間 7.5 cm（B面）。

*A 面為公釦，公釦在裡袋內。
B 面為母釦，母釦在表袋正面。

5 釘上磁釦，釘磁釦方法請參考 P.25；完成。

practice

外摺袋角肩揹包

雙面兩用
扁包

04 | 實物紙型 A 面

完成尺寸（不含提把）_
長 28 cm × 高 24 cm

學習重點_
1. 袋角尖褶車縫。
2. 袋口結合。

作品布材_
A. 表袋：薄帆布
B. 裡袋：棉麻布

用布量（110cm 幅寬）_
A. 表袋 1.5 尺，B. 裡袋 1.5 尺
（布無圖案方向性）

✂ **裁布說明**（已含縫份）

- 表袋前後（A）　　　（參紙型）　　　兩片

- 裡口袋（A）　　15 × 30 ↕ cm　　一片

- 裡袋前後（B）　　　（參紙型）　　　兩片

⊘ **配件**

人字織帶　長 5cm × 寬 2cm｜兩條

注意事項：單片裁剪表裡袋身時，記得紙型需要水平翻面。

1' 表袋車縫：

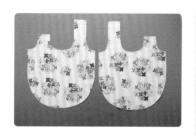

1 依紙型裁剪表袋布兩片
（留意需要形狀對稱）。

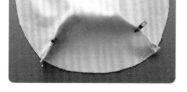

2 在表袋背面，依紙型畫出袋角尖褶。

3 摺尖褶兩道畫線重疊對齊，珠針固定。

4 依畫線車縫，另一片表袋布也是相同方法車縫尖褶。

5 兩片表袋正面對正面，強力夾固定 U 型處，兩片布的尖褶縫線對齊，縫份錯開，珠針固定縫份倒向。

6 車縫 U。

2' 裡口袋車縫，裡袋車縫：

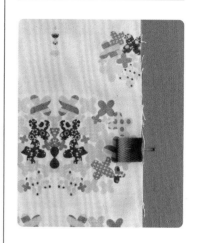

1 依尺寸裁剪裡口袋布一片，一片織帶對摺，在裡口袋正面的側邊直布紋長度約 1/3 處，用珠針固定織帶。

2 口袋直布紋正面對正面對摺，強力夾固定口袋兩側；裡口袋車縫請參考 P.56。

3 縫份 0.7 cm 車縫兩側。

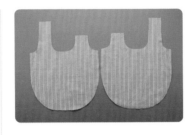

5 依紙型裁剪裡袋布兩片
（留意需要形狀對稱）。

8 離口袋兩側邊 0.1 cm 車縫壓線一道，袋底縫份 0.5 cm 車縫固定。

4 翻至正面，整燙，對摺邊做為袋口，離袋口邊 0.2 cm 車縫壓線。

6 隨意取一片裡袋布。

9 在裡袋布背面，用紙型畫出袋角尖褶，摺尖褶兩道畫線重疊對齊，珠針固定。

7 裡口袋放在裡袋身正面中間位置，兩者中心對齊，口袋底貼齊裡袋底，珠針固定。

10 依畫線車縫，另一片裡袋布也是相同方法車縫尖褶。

3' 表裡袋袋口車縫

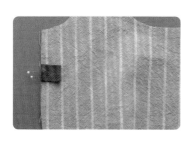

11 一片織帶對摺，在另一片裡袋布正面短提把側面約離袋口 4.5 cm 處，用珠針固定織帶，縫份 0.7 cm 車縫織帶。

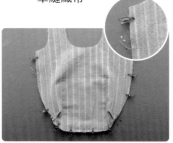

12 兩面裡袋布正面對正面，U 型袋身用強力夾固定，袋底的尖褶縫線對齊，縫份錯開，用珠針固定尖褶縫份的倒向，側邊約 10 cm 做為返口。

13 車縫 U 型處，唯返口處不車。

1 表裡袋正面對正面（裡袋背面朝外，表袋正面朝外），長提把對長提把，表袋往裡袋套入；表裡結合面向請參考 P.81。
兩者側邊的車縫線對齊且縫份皆左右撥開，珠針固定縫份，強力夾固定長提把側 U；短提把側 U 也是相同作法。

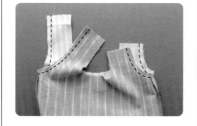

2 車縫長提把側 U 和短提把側 U。

3 U 型底弧度處剪牙口，縫份撥開；剪牙口方法請參考 P.76。

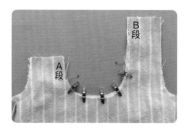

4 在前後袋口 U，依紙型標示，短提把處 4 cm（A 段）和長提把處 7.5 cm（B 段）標記號點（紅色珠針處）為車止點，強力夾固定表裡。

5 各自車縫前後袋口兩紅色珠針之間的 U。

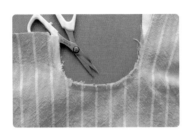

6 前後 U 型底弧度處剪牙口，縫份撥開；剪牙口方法請參考 P.76。

9 整理側邊 U 和前後 U 的縫份。

1 分別將長短提把的表裡展開，縫份皆左右撥開，兩長提把（扭轉）正面對正面，兩短提把也是正面對正面，車縫線對齊，珠針固定縫份，強力夾也協助固定。

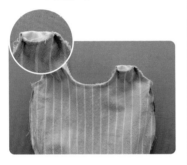

7 分別將長短提把置入正面，有利翻至正面作業。

8 從裡袋側返口將袋身抓至正面，因為上一個步驟的動作，所以長短提把可以很快速順利拉出。

2 車縫長提把，車縫短提把。

＊短提把較難車縫。

5' 縫合返口：

3 車縫處縫份撥開。
（畫面中為長提把的 B 段）

1 翻至裡面，整理裡袋側邊
返口縫份，強力夾固定。

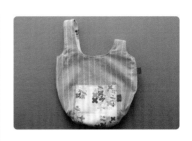

4 兩面皆可用。

4 AB 兩段表裡皆相互往內
摺入 1 cm，整燙兩側 U
和袋口，AB 段用珠針固
定，強力夾固定其他部
分。

2 藏針縫縫合返口；藏針縫
針法請參考 P.66。

5 離邊 0.2 cm 車縫壓線左
右側 U 和袋口一大圈。

* 建議初學者 AB 段也可以先用
藏針縫縫合，這樣會比較好車
縫；藏針縫針法請參考 P.66。

3 完成。

* 使用時，長提把往短提把內套
入。

practice

雙面兩用扁包

practice

燈心絨
水滴包

05 | 實物紙型 A 面

完成尺寸（不含提把）_
長 36 cm × 高 36 cm

學習重點 _
1. 袋角尖褶車縫。
2. 布提把車縫。

作品布材 _
A. 表袋：燈心絨布
B. 裡袋：棉麻布

用布量（110cm 幅寬）_
A. 表袋 2 尺，B. 裡袋 2 尺
（布無圖案方向性）

✂ 裁布說明（已含縫份）

▪ 表袋前後（A）	（參紙型）	兩片 ▨
▪ 袋口布（A）	（參紙型）	兩片 ▥
▪ 提把（A）	14 × 35 ↕ cm	兩片 ▥
▪ 裡袋前後（B）	（參紙型）	兩片
▪ 裡口袋（B）	30 × 32 ↕ cm	一片
▪ 裡拉鍊口袋（B）	23.7 × 40 ↕ cm	一片

▨ 表示燙厚襯，▥ 表示燙薄襯；是否燙襯視選擇布材。

↻ 配件

拉鍊 20cm｜一條
撞釘磁釦 直徑 18mm｜一組，四合釦 14mm｜兩組

注意事項：如選用燈心絨布材，燈心絨毛有方向性，請以倒毛方向為上方。

1' 表袋車縫：

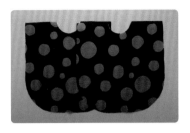

1 依紙型裁剪表袋前後布兩片。

4 依畫線車縫兩個尖褶，另一片表袋身也是相同方法車縫尖褶。

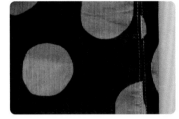

7 側邊縫份撥開，至正面，離車縫線 0.2 cm 左右各自車縫壓線。

2 在表袋背面，依紙型畫出兩個尖褶。

5 兩片表袋身正面對正面，強力夾固定側邊 U 型，袋底尖褶縫線對齊，縫份錯開。

3 用強力夾將尖褶的兩側畫線對齊。

6 車縫 U 型一圈。

2' 提把車縫並和表袋車合：

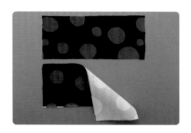

1 依尺寸裁剪提把布兩片。

4 提把中間 10 cm（中心左右 5 cm）寬度對摺，強力夾固定，離邊 0.2 cm 車縫對摺的 10 cm（車縫線重疊在上一步驟的車線上）。

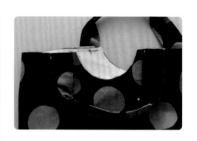

7 縫份 0.7 cm 車縫固定。

2 提把寬度畫中心線，往中心線摺再對摺。

5 提把對摺車縫，完成樣。

3 提把的兩側離邊 0.2 cm 各車縫壓線一道；布提把製作請參考 P.40。

6 提把對摺邊朝下，提把端和袋口對齊，離袋口 U 邊 1 cm，用強力夾固定。

3' 裡袋口袋車縫和一字拉鍊口袋車縫：

1 依尺寸裁剪裡口袋一片，口袋直布紋正面對正面對摺，珠針固定三邊。

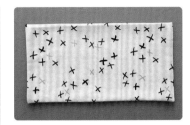

4 翻至正面，整燙。

7 依左右車褶線摺布，用強力夾固定。

2 縫份 0.7 cm 車縫，唯底部約留 5 cm（紅色珠針處）不車做為返口，返口這側做為口袋底；裡口袋車縫請參考 P.56。

5 離袋口對摺邊 0.2 cm 車縫壓線一道。

8 離摺邊 0.1 cm 車縫一道，車縫出左右兩道褶線。

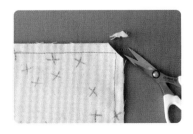

3 剪去口袋角；完美袋角處理方法請參考 P.58。

6 口袋畫出中心線（分隔線），中心線的左右 2 cm 也各畫一道線（車褶線）。

9 依紙型裁剪裡袋前後布兩片，取一片裡袋布正面標出中心線。

4' 裡袋身車縫：

10 將口袋放在裡袋布的正面上，兩者的中心線對齊。

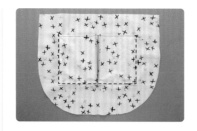

13 再將左右的車褶朝中心線靠攏，珠針固定口袋兩側和口袋底於裡袋身上，離邊 0.2 cm 車縫兩側及口袋底。

1 在裡袋背面，依紙型畫出兩個尖褶。

11 口袋的位置請以紙型衡量，口袋底需高於袋底尖褶。

14 另一片裡袋布縫製一字拉鍊口袋，拉鍊口袋布和裡袋布正面對正面，且離裡袋口 3 cm；一字拉鍊口袋車縫請參考 P.51。

2 用強力夾將尖褶的兩側畫線對齊固定。

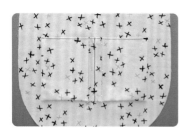

12 兩者的中心線用珠針固定，車縫中心線。

15 裡袋完成車縫一字拉鍊口袋，背面樣。

3 依畫線車縫兩個尖褶，另一片裡袋也是相同方法車縫尖褶。

5' 袋口布和裡袋車縫：

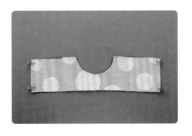

4 兩片裡袋布正面對正面，用強力夾固定 U 型，尖褶縫線對齊，縫份左右錯開用珠針固定，袋底留約 12 cm 返口不車（兩紅珠針之間）。

1 依紙型裁剪袋口布兩片，兩片袋口布正面對正面，強力夾固定兩者側邊。

5 袋身的返口尺寸以一個拳頭大小約 12 cm，可將手完全伸入袋內，有助於袋物完成時翻面工作；返口的學問請參考 P.64。

6 車縫裡袋身 U 型，唯返口處不車。

2 車縫兩側，縫份左右撥開，至正面，離車縫線左右 0.2 cm 各自車縫壓線。

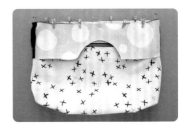

3 袋口布下緣和裡袋正面對正面互套，兩者中心點（黃珠針）對齊，左右側邊車縫線也對齊（紅珠針），再以強力夾固定一圈。

4 車縫一圈。

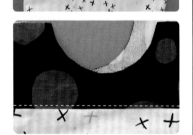

5 至正面，縫份往袋口布倒，離車縫線 0.2 cm 車縫壓線在袋口布上。

6' 表裡袋袋口車縫！

1 表裡袋正面對正面互套（表袋正面朝內，裡袋正面朝外），裡袋往表袋套入，兩者側邊車縫線對齊，強力夾固定袋口一圈；表裡結合面向請參考 P.81。

2 車縫袋口一圈，縫份撥開，袋口弧度處剪牙口，兩角也剪去角；牙口的學問請參考 P.76。

3 從裡袋底返口翻至正面，整理袋口，離邊 0.2 cm 車縫壓線袋口一圈。

7' 安裝磁釦及四合釦！

1 依紙型標示袋口磁釦位置兩個，側邊四合釦位置四個。

* 磁釦離袋口中心 1.5 cm；四合釦離袋側 5 cm，離袋口 1.5 cm。

2 側邊釘上四合釦；釘四合釦請參考 P.27。

3 袋口前後釘上撞釘磁釦；釘撞釘磁釦請參考 P.25。

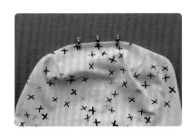

4
—
整理裡袋底返口縫份，強
力夾固定。

5
—
離邊 0.1 cm 車縫壓線返
口處；返口處理方法請參
考 P.65。

6
—
完成。

practice

燈心絨水滴包

Item

綁結肩帶
帆布包

06 ｜ 實物紙型 **A** 面

完成尺寸（不含提把）_

長 39 cm ✕ 寬 14.5 cm ✕ 高 30 cm

學習重點 _

1. 綁帶車縫。
2. 裡拉鍊口袋車縫。
3. 裡微笑口袋車縫。

作品布材 _

A. 表袋：帆布
B. 裡袋：棉麻布

用布量（110cm 幅寬）_

A. 表袋 2.5 尺，B. 裡袋 2 尺

（布無圖案方向性）

✂ 裁布說明（已含縫份）

▪ 表袋前後（A）	41 ✕ 35 ↕ cm	兩片
▪ 表袋底（A）	（參紙型 ❶）	一片
▪ 綁帶環（A）	8 ✕ 42 ↕ cm	兩片
▪ 綁帶（A）	（參紙型 ❷）	一片
▪ 裡口袋（A）	24 ✕ 24 ↕ cm	一片
▪ 裡袋前後（B）	41 ✕ 28 ↕ cm	兩片
▪ 裡袋底（B）	（參紙型 ❶）	一片
▪ 裡口袋（B）	（參紙型 ❸）	一片
▪ 裡拉鍊口袋（B）	23.7 ✕ 45 ↕ cm	一片

⟳ 配件

拉鍊 20cm｜一條
撞釘磁釦 直徑 18mm｜一組

注意事項：表袋請先裁剪綁帶；綁帶也可以用絲巾或花布替代；
裡袋底最後階段才車縫。

1' 綁帶車縫：

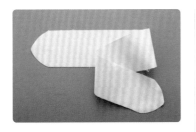

1 　依紙型裁剪綁帶布一片。

4 　縫份 0.7 cm 車縫，唯 10 cm 返口處不車。

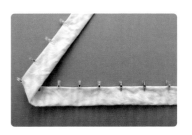

7 　整理縫份，再用強力夾固定。

2 　短邊對摺，強力夾固定。

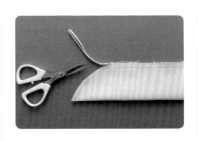

5 　兩端弧處縫份剪去 0.3 cm，整理縫份；厚布縫份處理請參考 P.77。

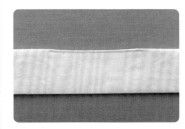

8 　10 cm 返口處離邊 0.2 cm 車縫壓線一道。

3 　中間 10 cm（中心左右 5 cm）做為返口。

6 　先從綁帶末端用手往裡推擠出凹槽，再使用木棒將布從返口推出。

2' 綁帶環和表袋身車縫：

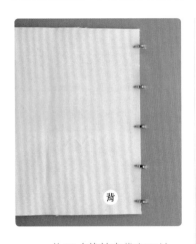

1 依尺寸裁剪表袋布兩片，兩片布正面對正面，強力夾固定一側邊。

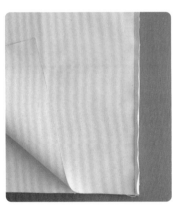

2 車縫側邊，縫份撥開。

3 至正面，離車縫線的左右兩側 0.2 cm 各自壓線。

4 依尺寸裁剪綁帶環兩片。

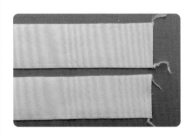

5 兩片綁帶環兩長邊車布邊。

* 不一定要車布邊。

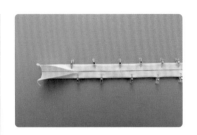

6 環布背面短邊畫中心線，兩側往中心線摺。

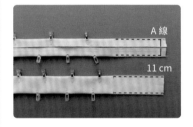

A 線

11 cm

7 在環布隨意一端（A 端）正面，離端 11 cm 的左右兩側，在正面離邊 0.2 cm 各自壓線，然後在同一端的背面，離端 1 cm 畫車縫記號線（A 線）。

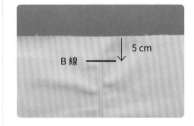

5 cm

B 線

8 袋身正面側邊（步驟 3 完成的）離袋口 5 cm 畫一道記號線（B 線）。

3' 表袋身和表袋底車縫：

9 袋身正面朝上，環布背面朝上，環布的寬度中心對齊袋身車縫線，A 端對齊 B 線，依 A 線車縫。

12 從 A 線開始，兩側離邊 0.2 cm 各自壓線一道至袋底。

1 依紙型裁剪表袋底一片，用剪小缺口的方式標出四個等分記號點；做等分記號點方法請參考 P.80。

10 離袋身側邊車縫線左右 2 cm，各自畫一道記號線。

13 另一側邊也是相同方法，車縫袋身側邊和車縫綁帶環布。

2 袋身底部也是標出四個等分記號點。

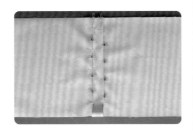

11 環布另一端貼齊袋底，兩側對齊記號線，珠針固定至 A 線，多的環布會隆起。

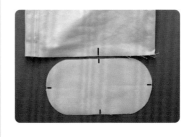

3 袋身和袋底四個等分記號點對齊。

4 兩者正面對正面,強力夾固定一圈。

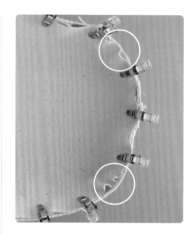

6 袋底弧度處,袋身沒有剪牙口,車縫袋底時容易有皺褶(圖中圈選處)。

1 依尺寸裁剪裡袋前後兩片;依紙型裁剪裡口袋一片。

7 車縫一圈,縫份倒向袋底,整理縫份。

2 一片裡袋和裡口袋布正面對正面兩者中心和上緣皆對齊,珠針固定微笑袋口。

5 在袋底弧度範圍,袋身需剪牙口,牙口深度約 0.5~0.7 cm,可幫助弧度車縫更完美;弧度車縫剪牙口請參考 P.77。

8 在袋底正面,離車縫線0.5 cm 車縫壓線一圈在袋底上。

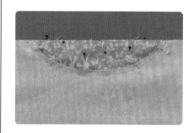

3 縫份 0.5 cm 車縫微笑袋口。

4 依著微笑袋口的布邊，剪去袋身的布。

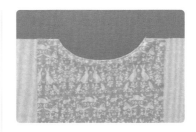

7 背面樣。

10 在袋身正面，兩片口袋布上緣和袋身共三片布用強力夾固定。

5 微笑袋口剪牙口；牙口學問請參考 P.76。

8 依尺寸裁剪口袋布一片（和表袋同款布），正面朝下，和已車縫的微笑口袋布正面對正面，三邊對齊，強力夾固定兩者三邊。

11 縫份 0.5 cm 車縫固定。

6 口袋往上翻，口袋往裡袋身背面置入，整燙袋口，並離袋口邊 0.3 cm 車縫壓線。

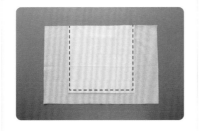

9 縫份 0.7 cm 車縫口袋三邊（車縫時，袋身正面朝上，較容易進行車縫）。

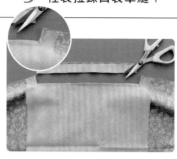

5' 裡袋拉鍊口袋車縫：

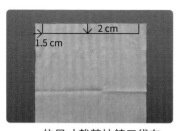

1 依尺寸裁剪拉鍊口袋布，在口袋布的背面畫一個凵字型拉鍊口，拉鍊口位置：離兩側 1.5 cm，高度 2 cm。

* 示範作品的拉鍊口袋布有圖案方向，所以畫拉鍊口的時候，需要畫在圖案反向那端，請參考 P.55。

4 離車縫線 0.5 cm 做為縫份，其餘剪去，兩側角剪牙口，整理縫份。

7 備一條 20 cm 拉鍊，拉鍊正面一側邊貼手藝用雙面膠帶。

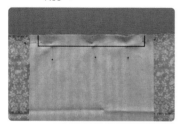

2 另一片裡袋布和拉鍊口袋布正面對正面，兩者中心和上緣皆對齊，珠針固定。

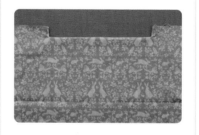

5 口袋布往裡袋的背面置入，整燙凵字拉鍊口。

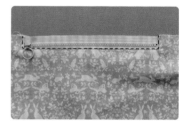

8 拉鍊和拉鍊口黏貼，拉鍊另一側邊的布面和裡袋口水平對齊，再離拉鍊口布邊 0.2 cm 車縫凵字，車合拉鍊。

3 依凵字型畫線車縫。

6 背面樣。

9 背面樣。

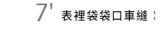

6' 裡袋車縫：

7' 表裡袋袋口車縫：

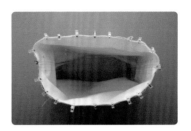

10 在背面，拉鍊口袋布往上摺，布邊對齊袋口拉鍊布面，裡袋正面朝上，三邊往中間收摺，口袋兩側邊強力夾固定，縫份 0.7 cm 車縫口袋兩側。

1 兩片裡袋身袋口朝上，正面對正面，強力夾固定兩者一側。

1 表裡袋口分別標四個等分記號點，正面對正面，表袋往裡袋套入（裡袋正面朝內，表袋正面朝外），等分點對齊，強力夾固定袋口一圈；表裡結合面向請參考 P.81 。

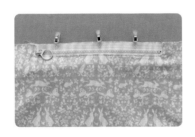

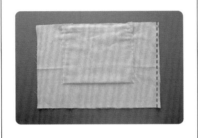

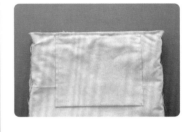

11 拉鍊上緣和口袋布用強力夾固定。

2 車縫，縫份撥開。

2 縫份 0.7 cm 車縫袋口一圈，因為有拉鍊關係，若縫份 1 cm 無法進行車縫。

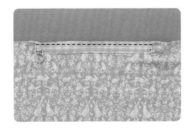

12 離邊 0.3 cm 車縫固定。

3 至正面，離車縫線的左右兩側 0.2 cm 各自壓線，另一側邊也是相同方法。

3 縫份往表袋方向倒，整理縫份，翻至正面。

$8'$ 裡袋身和裡袋底車縫：

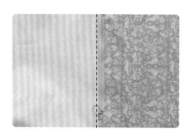

4 在表袋身正面，離車縫線 0.3 cm 車縫壓線一圈在表袋身上。

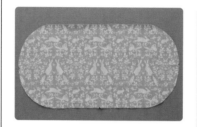

1 裡袋底用剪小缺口的方式標出四個等分記號點；做等分記號點方法請參考 P.80。

裡袋(背)

裡底(背)

2 裡袋身翻至背面，裡袋身底部也是標出四個等分記號點，兩者正面對正面，四個等分記號點對齊，強力夾固定兩者一圈，參考表袋身和表袋底的車縫方法，珠針處約 12 cm 做為返口；返口的學問請參考 P.64。

3 車縫一圈，唯返口處不車。

9' 袋口壓線，安裝磁釦，繫上綁帶：

1 從裡袋底的返口翻至正面，表袋口往裡袋內推入 3 cm，強力夾固定袋口一圈。

4 釘上磁釦；釘磁釦方法請參考 P.25。

2 裡面樣。

5 藏針縫縫合裡袋底返口；藏針縫針法請參考 P.66。

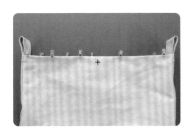

3 離袋口前後中心 1.5 cm 標磁釦位置。

6 繫上綁帶，完成。

practice

綁結肩帶帆布包

束口
手提袋

07 | 實物紙型 B 面

完成尺寸 (不含提把) _
長 30 cm ×寬 13 cm ×高 18 cm

學習重點 _
1. 橢圓袋底車縫。
2. 袋口束口布車縫。

作品布材 _
A. 表袋：厚棉布
B. 裡袋：棉麻布
C. 束口布：棉布

用布量 (110cm 幅寬) _
A. 表袋 1 尺，B. 裡袋 1 尺，C. 束口布 1 尺
(布無圖案方向性)

✂ 裁布說明 (已含縫份)

▪ 表袋 (A)	62 × 20 ↕ cm	一片 ▧
▪ 表底 (A)	(參紙型)	一片 ▧
▪ 袋口布 (A)	62 × 4 ↕ cm	一片 ▧
▪ 棉繩布片 (A)	5 × 7 ↕ cm	兩片
▪ 裡袋 (B)	62 × 17 ↕ cm	一片
▪ 裡底 (B)	(參紙型)	一片
▪ 裡口袋 (B)	17 × 24 ↕ cm	一片
▪ 束口布 (C)	34 × 17 ↕ cm	兩片

▧ 表示燙厚襯；是否燙襯視選擇布材。

⟳ 配件

提把織帶　長 35cm ×寬 2.5cm | 兩條
彩色鉚釘　直徑 6mm | 四組
棉繩　直徑 4mm ×長 80cm | 兩條
D 環　2.5cm | 一個

注意事項：束口布材請選擇薄布，較容易收拉。

1' 表袋身和表袋底車縫：

1 依尺寸裁剪表袋身一片，依紙型裁剪表袋底一片。

4 在正面，離車縫線的左右兩側 0.2 cm 各自車縫壓線。

7 車縫袋底一圈。

2 表袋身長邊正面對正面對摺，強力夾固定側邊。

5 袋身和袋底各自標四等分記號點，袋身側邊車縫線做為後中心線；做等分記號點方法請參考 P.80。

8 縫份往袋底倒向，整理縫份，翻至正面。

3 車縫，縫份左右撥開，整燙。

6 兩者正面對正面，袋身和底的四等分記號點對齊，珠針固定兩者，再使用強力夾輔助固定一圈；弧度車縫剪牙口請參考 P.77。

9 在袋底正面，離車縫線 0.5 cm 車縫壓線一圈在袋底上。

2' 裡袋身車縫口袋：

1 依尺寸裁剪裡口袋布，裡口袋直布紋方向正面對正面對摺，強力夾固定兩側邊；裡口袋車縫請參考P.56。

2 縫份 0.7 cm 車縫兩側邊。

3 翻至正面，對摺邊做為袋口，離袋口邊 0.2 cm 車縫壓線一道。

4 依尺寸裁剪裡袋布，口袋放置在裡袋布正面的中間位置，兩者底部對齊，珠針固定口袋兩側。

5 口袋兩側離邊 0.1 cm 車縫壓線；底部離邊 0.5 cm 車縫。

3' 裡袋身和裡袋底車縫：

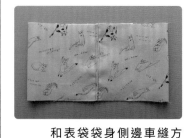

1 和表袋袋身側邊車縫方法相同，唯中間段須留 10~12 cm 返口不車縫，並至正面離車縫線的左右兩側 0.2 cm 各自車縫壓線；返口的學問請參考P.64。

2 和表袋身和表底車縫方法相同，裡袋身和底車縫並在袋底壓線。

4' 袋口布車縫：

1 袋口布長邊正面對正面對摺，強力夾固定側邊，車縫。

2 縫份撥開，在正面，離車縫線的左右兩側 0.2 cm 各自壓線。

3 成一圈樣。

5' 束口布車縫：

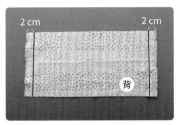

2 cm　　　　　2 cm

背

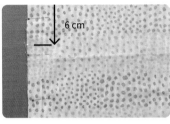

6 cm

1 依尺寸裁剪束口布兩片，兩片束口布正面對正面，離左右側邊 2 cm 各自畫一條記號線，珠針固定兩片束口布，在畫線上離袋口 6 cm（A 段）標記號。

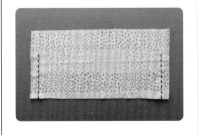

2 依畫線車縫兩側邊，但兩側的 6 cm（A 段）不車。

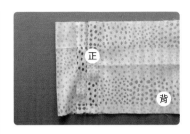

正

背

3 縫份左右撥開。

4 左右 2 cm 的縫份皆往裡摺 1 cm 至車縫線處，再摺 1 cm（布邊收入）。

5 珠針固定。

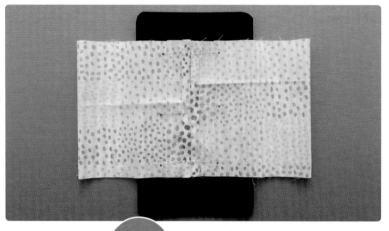

6 束口布已成筒狀，珠針容易誤別到下層的布，解決這個問題，可以在布片中間放置一個塑膠板，這樣就很容易完成別珠針的動作。

7 束口布裡面朝上，離摺邊 0.1 cm 左右各自車縫壓線，另一側邊也是相同方法，車縫壓線後，正面樣。

9 A 段往裡摺 1 cm 再摺至 6 cm 的記號線處，珠針固定，另一面也是相同方法。

11 管道口正面樣。

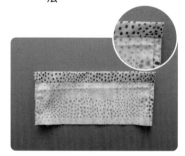

8 束口布裡面朝上，兩片束口布在 A 段離布邊 2 cm 和 6 cm 畫線。

10 離摺邊 0.1 cm 壓線一圈，完成抽繩管道。

＊影片：束口布車縫。

6' 袋口布，束口布和裡袋車縫：

1 裡袋口標四等分記號點，袋身側邊車縫線做為後中心線。
束口布也標四等分記號點，抽繩管道口做為左右側邊。
束口布的 A 段朝下，束口布背面和裡袋身正面相對，兩者的四等分記號點對齊，珠針固定兩者一圈。
做等分記號點方法請參考 P.80。

3 袋口布長邊標四等分記號點，側邊車縫線做為後中心線。
前一個步驟完成的裡袋身＋束口布和袋口布正面對正面，兩者的四等分記號點對齊，珠針固定兩者一圈。

5 正面完成樣，縫份往袋口布倒向，整燙。

2 縫份 0.7 cm 車縫一圈，完成樣。

4 車縫一圈

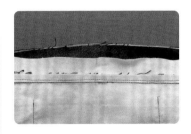

6 在袋口布正面，離車縫線 0.2 cm 車縫壓線在袋口布上。
壓線完成，背面樣。

7' 提把和表袋車縫：

1 依尺寸裁剪織帶，提把織帶中間 10 cm（中心左右 5 cm）寬度對摺，強力夾固定。

2 兩條織帶皆離織帶邊 0.2 cm 車縫對摺的 10 cm，其中一條織帶套入 D 環，可以掛小物飾品。

3 離表袋口前後中心的左右 5.5 cm 標提把內側的記號點，提把正面朝下，端點和袋口對齊，強力夾固定；標提把位置方法請參考 P.39。

4 縫份 0.7 cm 車縫固定兩條提把在表袋口。

8' 表裡袋袋口車縫：

1 表裡袋口各自標四等分記號點，表裡袋正面對正面（裡袋背面朝外，表袋正面朝外），表袋往裡袋套入；表裡結合面向請參考 P.81。兩者後中心對齊，珠針固定兩者的四等分點，強力夾固定一圈。

2 車縫袋口一圈。

9' 束口穿繩，釘鉚釘

3 縫份撥開，整理縫份，從裡袋側的返口翻至正面，整燙袋口，強力夾固定袋口一圈。

4 離袋口邊 0.5 cm 車縫壓線一圈。

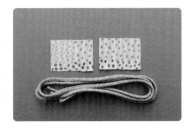

1 備棉繩兩條，依尺寸裁剪棉繩布片兩片。

2 利用穿繩工具將一條棉繩穿入抽繩管道。

3 棉繩繞一圈再從同一側出來。

4 相同方法，另一條棉繩則從另一側穿入與穿出，形成兩個不同方向的 U。

5 同一條棉繩末端打結。

＊影片：束口布車縫。

6 布片 7 cm 方向正面對正面對摺，縫份 0.7 cm 車縫兩側。

9 布片口縫份摺入裡面，套入棉繩末端結，然後拉緊縫線，縫線打結，最後再以藏針縫縫合布片與棉繩一圈；方法請參考 P.67。

11 在提把下緣中間處離袋口 1.5 cm，標釘鉚釘四個記號點。

7 布片翻至正面。

12 釘上鉚釘；釘鉚釘方法請參考 P.31。

8 以縮縫針法縫份 0.7 cm 縫布片口一圈；縮縫針法請參考 P.67。

10 以藏針縫縫合裡袋側邊返口；藏針縫針法請參考 P.66。

13 完成。

practice

束口手提袋

單
把
交
錯
包

08 | 實物紙型 B 面

完成尺寸（不含提把）_
長 35 cm × 寬 12 cm × 高 38 cm

學習重點 _
1. 袋身交錯方向性。
2. 皮革提把車縫。
3. 單把結合方向性。

作品布材 _
A. 表袋：亞麻編織布
B. 裡袋：薄肯尼防潑布
C. 提把：皮革布

用布量（110cm 幅寬）_
A. 表袋 2.5 尺，B. 裡袋 3.5 尺，C 提把 1 尺

（布無圖案方向性）

✂ 裁布說明（已含 0.7 cm 縫份）

- 表袋前後 (A)　　（參紙型 ❶）　　四片
- 表袋底 (A)　　　（參紙型 ❷）　　一片 ▣

- 裡袋前後 (B)　　（參紙型 ❶）　　四片
- 裡袋底 (B)　　　（參紙型 ❷）　　一片
- 裡口袋 (B)　　　14 × 30 ↕ cm　　一片
- 裡拉鍊口袋 (B)　18.5 × 40 ↕ cm　一片
- 側包邊斜布條 (B)　45 × 3.5 cm　兩條
- 底包邊斜布條 (B)　84 × 3.5 cm　一條

- 提把皮革布 (C)　　12 × 35 ↕ cm　一片

▣ 表示燙不含縫份的厚襯；是否燙襯視選擇布材。

⊘ 配件

拉鍊 15cm｜一條，布標｜一片

注意事項：本作品因為側邊部分重疊四層布，所以表袋布材勿選太厚質，如需燙襯，縫份不含襯；裡袋示範作品選擇既挺又輕的薄防潑布；縫製前，先將袋身正面朝上，兩兩相對擺放。

1' 裡袋一字拉鍊口袋車縫和口袋車縫：

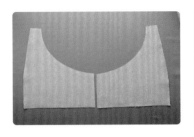

1 依紙型裁剪表袋左右各兩片，共計四片，裡袋也是相同方法裁剪；本作品留意左右相對方向。

4 縫份 0.7 cm 車縫兩側邊。

7 離袋側邊 0.1 cm 車縫口袋兩側，袋底縫份 0.5 cm 車縫。

2 取一片左側裡袋布車縫一字拉鍊口袋，拉鍊口袋布和裡袋布正面對正面，且離裡袋口 2 cm，離側邊 2 cm；一字拉鍊口袋車縫請參考 P.51。

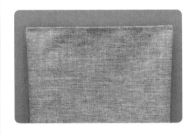

5 翻至正面，對摺邊為袋口，離袋口 0.2 cm 車縫壓線一道。

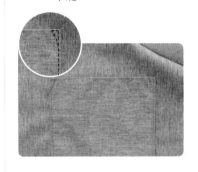

8 車縫袋口兩側三角形加強耐用度；加強袋口請參考 P.59。

3 依尺寸裁剪裡口袋，裡口袋直布紋正面對正面對摺，兩側邊珠針固定；裡口袋車縫請參考 P.56。

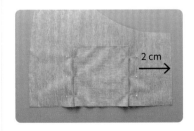

2 cm →

6 另一片左側裡袋布正面朝上，裡口袋放置在離袋側 2 cm，兩者袋底對齊，用珠針固定口袋的兩側。

＊ 圖中的口袋位置不適當，請參照作法說明。

9 完成一組裡袋。

2' 表裡袋袋口車縫及三邊固定：

10 另一組裡袋。

1 取有一字拉鍊口袋的裡袋和可形成正面對正面的表袋布，兩者的弧度袋口珠針固定。

4 翻至正面，整理縫份，此示範作品裡袋用布材質無法使用熨斗整燙，所以可邊整理邊用強力夾幫助定型。

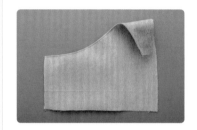

2 縫份 0.7 cm 車縫袋口。

5 至表袋正面，離袋口邊 0.5 cm 車縫壓線。

3 弧度處剪適當牙口；牙口的學問請參考 P.76。

6 兩側邊和底邊皆用珠針固定。

3' 前後袋身車縫，袋側包邊：

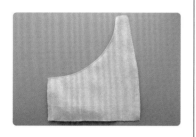

7 縫份 0.5 cm 車縫兩側邊及底邊，完成一份袋身；相同方法完成另外三份表裡布的袋口及二邊車縫。

1 兩份袋身一組，表袋正面朝上，呈交叉，如圖，強力夾固定兩側和底部。

4 兩組的強力夾固定的部分各自縫份 0.5 cm 車縫。

2 另兩份一組，表袋正面朝下，呈交叉，如圖，強力夾固定兩側和底部。

5 兩組表袋正面對正面，強力夾固定兩者的一側邊，縫份 0.5 cm 再將兩組車縫一起。

裡(正)

3 兩組結合樣，車縫前請確認，如圖。

6 依尺寸裁剪側包邊條，側包邊條和上一個步驟完成的裡袋側邊正面對正面，強力夾固定包邊條和袋側。

裡(正)

7 縫份 0.7 cm 車縫。

10 另一側邊可備一片布標夾入。

13 相同方法完成另一側邊和包邊條的包邊車縫工作。

8 整理縫份，袋身往左翻，包邊條摺至袋身的布邊，再摺至前一步驟的車線處（和車線對齊），用珠針和強力夾固定；包邊方法請參考 P.47。

11 布標對摺（確認圖案方向），用強力夾夾在側邊紙型標示位置。

9 在同一個面向，離包邊條的摺邊 0.1 cm 車縫壓線，初學者也可以用斜針縫縫合；斜針縫針法請參考 P.68。

12 相同方法兩者的側邊縫份 0.5 cm 車縫；正面夾入布標車縫完成，正面樣。

4' 袋身和袋底車縫及包邊：

1 依紙型裁剪表裡袋的底，為增加袋子的挺度，但降低袋底結合的厚度（好車縫），因此表袋底燙不含縫份的厚布襯；燙襯的學問請參考 P.19。

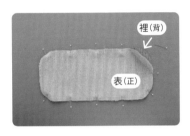

2 表袋底和裡袋底背面對背面，珠針固定。

3 縫份 0.5 cm 車縫一圈。

4 袋底標出四等分記號點；標等分點方法參考 P.80。

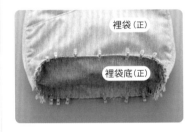

5 袋身底部也標四等分記號點，表袋身和表袋底正面對正面，兩者的四等分點對齊，強力夾固定兩者一圈；弧度車縫剪牙口請參考 P.77。

6 縫份 0.5 cm 車縫一圈。

7 裁剪斜布條；斜布條裁剪及接合請參考 P.43。在袋身裡面，斜布條背面朝上，布條一開始先反摺 1 cm 用強力夾和裡袋底正面對正面固定一圈。

8 終點再和起點重疊 1 cm，縫份 0.7 cm 車縫袋底一圈。

9 整理縫份，斜布條往袋身方向摺至布邊，再摺至前一步驟的車線，用強力夾固定。

10 袋身朝上離摺邊 0.1 cm 車縫壓線一圈，初學者也可以用斜針縫縫合；包邊方法請參考 P.48，斜針縫針法請參考 P.68。

11 完成袋底包邊正面樣。

1 提把兩側往內摺至側邊線，確認側邊包邊倒向和底邊的同一方向，長強力夾輔助；離端點 3 cm 畫一道記號線。

2 依畫線車縫（A 線），另一邊也是。

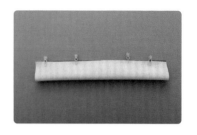

3 依尺寸裁剪提把皮革布，皮革布短邊對摺。

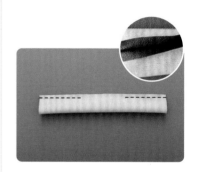

4 中心往左右各 6.5 cm（共 13 cm）做為返口，返口不車；縫份 1 cm 車縫左右兩段；縫份往左右撥開再調整至中間。

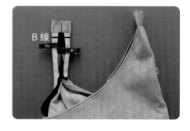

5 離提把皮革布端 1 cm 畫一道線（B 線），再套入袋身的一端提把至 A 線，用長強力夾固定。

* 皮革布縫份朝內。

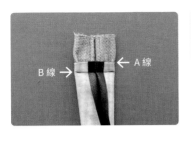

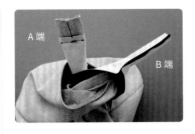

6 車縫 B 線（這一端為 A 端，另一端為 B 端）。

8 提把 B 端入皮革布 B 端。

11 車縫 B 端的 B 線。

9 B 端皮革布至 A 線，強力夾固定。

7 皮革布 B 端順時針往自己的方向拉，勿扭轉，皮革返口面向朝上。
袋身的提把 B 端往逆時針方向扭轉。

10 B 端用長夾固定，先完全拉出 A 端，B 端試著局部往外翻拉（不用全部翻拉出），確認皮革提把是否扭轉，如有扭轉再重新操作一次，嘗試成功會很有成就感。

12 往外翻拉皮革提把。

＊影片：皮革提把車合。

單把交錯包

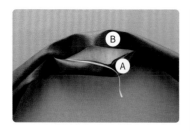

13 整理 13 cm 的皮革開口，A 邊摺入 1 cm，離摺邊貼手藝用雙面膠帶，再蓋住（貼合）B 邊 1 cm。

16 袋身一內一外層離交叉點 3 cm，用珠針固定 3 cm。

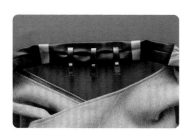

14 長強力夾和紙膠帶都可以輔助固定；如何固定和車縫皮革布請參考 P.70。

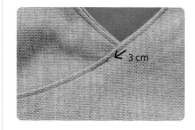

17 車縫 3 cm（重疊在袋口壓線上），固定內外層的袋口；另一面也是相同方法，完成。

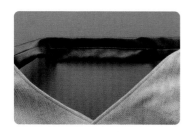

15 13 cm 的開口離摺邊 0.2 cm 車縫壓線。（縫紉機可更換皮革壓布腳較容易車縫，縫紉機針距改為 3 mm）

practice

單把交錯包

Item

織帶環繞
挺包

09 ｜ 實物紙型 B 面

完成尺寸（不含提把）_
長 16 cm ✕ 寬 16 cm ✕ 高 22 cm

學習重點 _
1. 外圈織帶車縫。
2. 半邊車縫方法，準確車合。

作品布材 _
A. 表袋：薄帆布
B. 裡袋：薄帆布

用布量（110cm 幅寬）_
A. 表袋 1.5 尺，B. 裡袋 1.5 尺
（布無圖案方向性）

✂ 裁布說明（已含縫份）

- 表袋前後 (A) 　　（參紙型）　　　兩片 ▨
- 表袋側 (A) 　　68 ✕ 18 ↕ cm 　　一片 ▨
- 裡口袋 (A) 　　20 ✕ 23 ↕ cm 　　一片
- 裡袋 (B) 　　36.5 ✕ 27.5 ↕ cm 　兩片

▨ 表示燙厚襯；是否燙襯視選擇布材。

⟳ 配件

織帶　A: 長 92cm ✕寬 4cm｜兩條
　　　B: 長 6cm ✕寬 4cm｜兩條
棉繩　直徑 5mm ✕長 35cm｜兩條
撞釘磁釦　直徑 18mm｜兩組

注意事項：請選擇柔軟的織帶且 4cm 寬尺寸，表袋布材選擇厚質；裡袋底最後階段才車縫。

1' 織帶和表袋前後車縫：

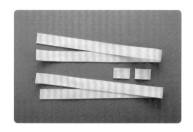

1 備 4 cm 寬織帶 A 92 cm、B 6 cm 各兩條。

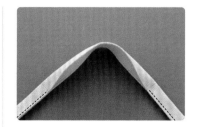

4 離邊 0.2 cm 車縫，唯 bc（20 cm）之間不車，另一條織帶 A 也是相同方法。

7 表袋身兩側依紙型標織帶車止點，圖中圈選藍珠針處。

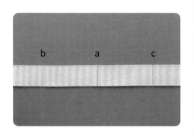

2 織帶 A 標中心點（a），中心左右 10 cm 標記號（b 和 c）。

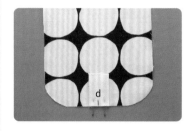

5 依紙型裁剪表袋兩片，取一片表袋身正面朝上，標袋底中心，織帶 B 4 cm 方向的中心點（d 點）對齊袋底中心，珠針固定。

8 袋身正面朝上，取一條織帶 A 對摺邊朝內，一端從 d 點開始，使用強力夾固定織帶 A 和袋身至織帶車止點。固定時，請微微拉緊織帶 A。

3 織帶 A 寬度對摺，強力夾固定。

6 離織帶 B 邊 0.5 cm 車縫。

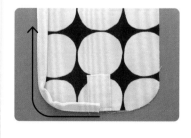

9 離邊 0.5 cm 從 d 車縫至織帶車止點。

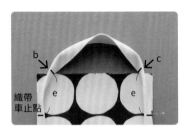

12 袋底織帶 B 6 cm 方向往下摺，緊包覆住織帶 A 的端點接合處，強力夾固定。

10 用尺量出織帶上 b 點至車止點的織帶距離數字 (e)，另一邊織帶上的 c 用這個 e 數字往下標出相對位置點，然後用這個點和另一側袋身上的織帶車止點對齊，往下用強力夾固定織帶和袋身至 d 點。用這樣的方法可以達到織帶對稱、車縫完美。

* 示範作品 e 為 7.5 cm，此為參考數值。

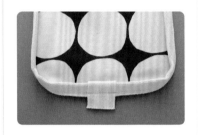

13 離邊 0.5 cm 車縫。

1 表袋口兩側依紙型畫出織帶斜線和點，織帶順著斜線至點用強力夾固定在袋口。

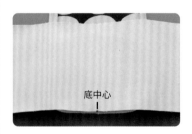

11 離邊 0.5 cm 從織帶車止點車縫至袋底 d，完成織帶繞袋身一圈。

14 對齊織帶 A 的邊，將多餘的織帶 B 剪去；另一組袋身和織帶 AB 也是相同方法車合，這時要用 e 數據固定織帶和袋身。

2 依尺寸裁剪表袋側一片，袋側 68 cm 方向標中心點，和袋身底的中心點 (d 點) 對齊。

3 袋身和袋側正面對正面,用強力夾固定 U 型。

6 車縫。

1 依尺寸裁剪裡口袋一片,口袋直布紋正面對正面對摺,強力夾固定兩側邊。

4 縫份 0.7 cm 車縫 U 型。

7 翻至正面,可以檢查四個織帶車止點至袋口的距離是否一樣,可能會發生不一樣,但只要不要落差太大(0.5 cm 以內),應該都沒有關係。

2 縫份 0.7 cm 車縫兩側邊,口袋底不車。

5 另一片袋身和袋側也是相同方法固定。

3 翻至正面,袋口離摺邊 0.2 cm 車縫壓線;裡口袋車縫請參考 P.56。

織帶環繞挺包

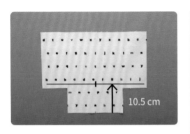

4 依尺寸裁剪裡袋兩片，裡袋兩袋底角剪去 8.5 cm 正方形；正面朝上，離袋底 10.5 cm 畫線且標中心的位置；剪袋角方法請參考 P.60。

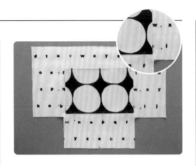

7 口袋往上翻，珠針固定兩側及袋底。

1 兩片裡袋正面對正面，一側邊對齊，珠針固定。

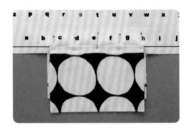

5 裡口袋袋口朝下，口袋底對齊 10.5 cm 畫線，口袋中心對齊袋身中心，珠針固定兩者。

8 兩側及袋底皆離摺邊 0.1 cm 車縫壓線，袋底離第一道車線 0.3 cm 再車縫第二道，這樣才能將口袋底的布邊完全包覆；裡口袋車縫請參考 P.57。

2 縫份 0.7 cm 車縫，縫份撥開。

6 離口袋底 0.3 cm 車縫。

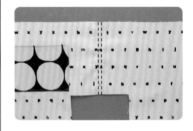

3 至正面，離車縫線兩側 0.3 cm 各自車縫壓線。

5' 表裡袋袋口車縫，裡袋底、裡袋角車縫；

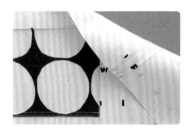

4 背面樣；另一側邊也是相同方法車縫且壓線。

1 表袋側口標中心記號點，表裡袋口也分別標前後中心記號點，表裡袋正面對正面套入，表袋側袋口中心記號點對齊裡袋的側邊點，表裡袋前後中心記號點對齊，強力夾固定兩者袋口一圈；表裡結合面向請參考 P.81，標四等分記號點方法請參考 P.80。

2 縫份 0.7 cm 車縫袋口一圈。

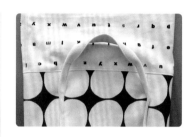

3 整理縫份，縫份往裡袋倒，翻至正面，離縫線 0.2 cm 車縫壓線在裡袋上。

4 翻至裡面，裡袋底布邊對齊，珠針固定，兩黃色珠針距離約為 12 cm 做為返口。

5 縫份 0.7 cm 車縫，唯有返口不車；返口的學問請參考 P.64。

6 裡袋角 L 型拉開，將裡袋底車縫線和側邊車縫線對齊，呈扁狀，強力夾固定。

9 離袋口摺邊 0.3 cm 車縫壓線一圈。

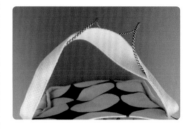

1 為了讓提把的部分更挺，備兩條棉繩（0.5 直徑 × 35 cm），穿入棉繩，棉繩平均在兩個織帶車止點間。

7 縫份 0.7 cm 車縫袋角；抓袋角的方法請參考 P.60。

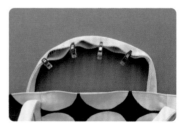

2 置入棉繩工作可以用鑷子輔助。

8 從裡袋底返口翻至正面，表袋往裡袋內推 3 cm，強力夾固定袋口一圈。

3 強力夾夾住 bc 間的織帶。

7' 袋口釘磁釦及裡袋底返口車縫:

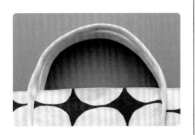

4 離織帶邊 0.2 cm 車縫。

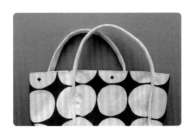

1 袋口前後左右中心皆離袋口 1.5 cm，標四個磁釦位置。

4 離邊 0.1 cm 車縫返口；處理返口方法請參考 P.65。

2 釘上撞釘磁釦（留意前後為一組磁釦，左右為一組磁釦）；釘撞釘磁釦方法請參考 P.25 。

5 可以側邊互扣。

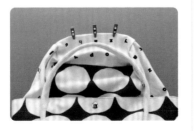

3 整理裡袋返口縫份，用強力夾固定。

6 也可以前後互扣，完成。

織帶環繞挺包

側襠文件包

10 | 實物紙型 B 面

完成尺寸 (不含提把) _
長 30 cm × 寬 12 cm × 高 30 cm

學習重點 _
1. 側襠車縫。
2. 塑膠底板美化。
3. 口袋做單層設計。

作品布材 _
A. 表袋：雙面薄帆布
B. 裡袋：薄帆布
C. 底板：棉麻布

用布量 (110cm 幅寬) _
A. 表袋 2 尺，B. 裡袋 2 尺，C. 底板布 0.5 尺
(布無圖案方向性)

✂ 裁布說明 (已含縫份)

▪ 表袋前後 (A)	32 × 32 ↕ cm	兩片
▪ 表袋側 (A)	14 × 32 ↕ cm	兩片
▪ 表底 (A)	32 × 14 ↕ cm	一片
▪ 袋口布 (A)	44 × 5 ↕ cm	兩片
▪ 裡袋前後 (B)	32 × 29 ↕ cm	兩片
▪ 裡袋側 (B)	14 × 29 ↕ cm	兩片
▪ 裡底 (B)	32 × 14 ↕ cm	一片
▪ 裡側口袋 (B)	(參紙型)	兩片
▪ 裡口袋 (B)	32 × 18 ↕ cm	一片
▪ 底板布 (C)	60 × 13 ↕ cm	一片

⟳ 配件

提把織帶 長 42cm × 寬 4cm | 兩條
塑膠板 29 × 11cm | 一片

注意事項：提把織帶長度可以自行加長；若裡口袋布偏薄，尺寸改為 32 × 32 ↕ cm 一片，裡側口袋紙型袋口改為雙。

1' 提把織帶和表袋車縫：

1 備 4 cm 寬 的 織 帶 42 cm 長兩條。

4 依尺寸裁剪表袋兩片。

7 離織帶邊 0.2 cm 車縫長度 8.5 cm 的ㄈ字型。

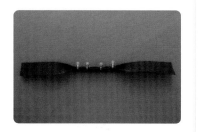

2 織帶中心左右 5 cm 寬度對摺，強力夾固定。

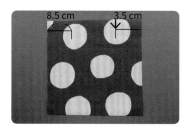

8.5 cm   3.5 cm

5 在袋身正面標示提把位置：離側 8.5 cm，離袋口 3.5 cm；標示提把位置方法請參考 P.39。

8 背面樣。

3 離織帶邊 0.2 cm 車縫 10 cm。

6 依位置點往下放置提把，強力夾固定兩端。

9 完成兩片表袋的提把車縫。

2' 表袋前後和表側車縫；

1 依尺寸裁剪表側兩片，表底一片；表底正面朝上，表側在表底的兩側，三者正面對正面，強力夾固定底兩側。

4 背面樣。

7 車縫至提把織帶時，縫紉機來回車縫加強耐用度。

2 車縫底的兩側。

5 表袋底部標示中心記號點，表底也標中心記號點，表袋和袋側組正面對正面，兩者中心記號點對齊，固定ㄇ字型。

8 另一片表袋也是相同方法和袋側組固定。

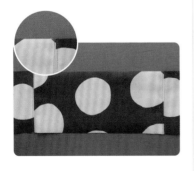

3 縫份撥開，整理縫份，至正面，離兩側車縫線左右0.3 cm 各自壓線，成袋側組。

6 車縫ㄩ字型。

9 車縫ㄩ字型。

3' 裡側口袋和裡側車縫：

10 整理縫份，翻至正面樣。

1 依紙型裁剪裡側口袋兩片，裡側口袋的袋口往正面摺兩次 0.7 cm，因為梯形口袋，袋口兩側若出現不齊，可順著側邊斜度修剪。

* 因為薄帆布材質，所以口袋做單層設計，袋口往外摺，袋口更顯立體感。

3 依尺寸裁剪裡側兩片，取一片裡側，裡側正面朝上，側口袋放置上方，兩者底部中心對齊，強力夾固定兩側和底部，梯型口袋微蓬，留意兩側是否同高度。

2 離摺邊 0.1 cm 車縫壓線，另一片側口袋也是相同方法。

4 離布邊 0.7 cm 車縫兩側和底部，另一片袋側和側口袋也是相同方法車縫。

4' 裡側和裡底車縫：

1 依尺寸裁剪裡底一片，兩裡側在裡底的兩側，三者正面對正面，強力夾固定底兩側。

4 兩側縫份皆倒向裡底，整理縫份。

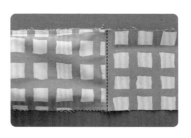

2 車縫底的兩側。

5 至正面，離車縫線 0.3 cm 壓線在裡底上，成袋側組。

3 正面樣。

5' 裡口袋和裡袋車縫：

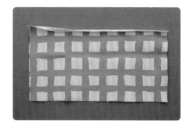

1 依尺寸裁剪裡口袋一片，裡口袋的袋口往正面摺兩次 0.7 cm。

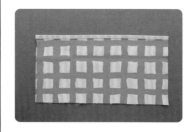

2 離摺邊 0.1 cm 車縫壓線。

3 依尺寸裁剪裡袋兩片，取一片裡袋正面朝上，裡口袋正面朝上放置上面，強力夾固定兩側及袋底，中間畫口袋分隔線，珠針固定分隔線。

6' 裡袋前後和裡側車縫：

4 縫份 0.7 cm 車縫兩側及袋底，依畫線車縫分隔線。

1 一片裡袋底部標中心記號點，裡底也標中心記號點，裡袋和袋側組正面對正面，兩者中心記號點對齊，固定凵字型。

3 另一片裡袋也是相同方法和袋側組固定，袋底約 12 cm 當返口；返口的學問請參考 P.64。

2 車縫凵字型。

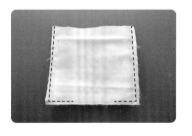

4 車縫凵字型，底部返口處不車。

5 翻至正面樣。

1 依尺寸裁剪袋口布兩片，兩片正面對正面，強力夾固定兩側，車縫。

4 車縫一圈。

2 縫份撥開，至正面，離兩側車縫線左右 0.3 cm 各自壓線。

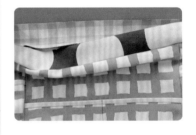

5 縫份倒向裡袋，整理縫份，翻至正面。

3 袋口布和裡袋袋口各自標前後左右四等分記號點，兩者正面對正面，等分點對齊珠針固定，強力夾固定一圈；標等分記號點方法請參考 P.80。

6 離車縫線 0.3 cm 車縫壓線一圈在裡袋上。

8' 表裡袋袋口車縫：

1 表袋袋口和裡袋袋口各自標前後左右四等分記號點，兩者正面對正面，表袋往裡袋套入（裡袋背面朝外，表袋止面朝外），等分點對齊珠針固定，強力夾固定一圈；表裡結合面向請參考 P.81。

2 車縫一圈。

3 整理縫份，從裡袋底返口翻至正面。

4 離邊 0.3 cm 車縫壓線袋口一圈。

9' 塑膠底板包布：

1 依尺寸裁剪底板布和塑膠板各一片，塑膠板四個角修剪圓角，以免刺破布料。

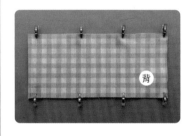

2 底板布正面對正面 60 cm 方向對摺，強力夾固定上下兩側。

3 車縫上下兩側。

4 整理縫份，翻至正面。

7 藏針縫縫合入口端；藏針縫針法請參考 P.66。

10 放進底板，包型更挺，完成。

* 也可將底板的四個角和袋底手縫固定。

5 放入塑膠板。

8 整理裡袋返口，強力夾固定。

6 入口端布邊往裡摺入 1 cm，強力夾固定。

9 藏針縫縫合返口。

practice

側襠文件包

掀蓋長型
側揹包

11 ｜ 🔔 〰️
實物紙型 **B** 面

完成尺寸 _
長 24 cm × 寬 9 cm × 高 13 cm

學習重點 _
1. 側邊出芽。
2. 外蓋車縫。

作品布材 _
A. 表袋：厚棉布
B. 裡袋：棉麻布
C. 出芽：棉布

用布量（110cm 幅寬）_
A. 表袋 1 尺，B. 裡袋 1.5 尺，C. 出芽 1 尺
（布無圖案方向性）

✂ 裁布說明（已含縫份）

▪ 表袋前後 (A)	26 × 20 ↕ cm	兩片	▨
▪ 表側 (A)	（參紙型 ❶）	兩片	▨
▪ 蓋 (A)	（參紙型 ❷）	兩片	▣
▪ 袋口布 (A)	（參紙型 ❸）	兩片	▨
▪ 裡袋前後 (B)	26 × 17.5 ↕ cm	兩片	
▪ 裡側 (B)	（參紙型 ❶）	兩片	
▪ 裡口袋 (B)	26 × 25 ↕ cm	一片	
▪ 表後拉鍊口袋 (B)	21 × 32 ↕ cm	一片	
▪ 裡拉鍊口袋 (B)	21 × 32 ↕ cm	一片	
▪ 包繩斜布條 (C)	35 × 2.8 cm	兩條	

▨ 表示燙厚襯，▣ 表示燙不含縫份的厚襯；是否燙襯視選擇布材。

🔗 配件

拉鍊 18cm｜兩條，插銷磁釦 直徑 18mm｜兩組
棉繩 5mm × 40cm｜兩條
斜揹帶｜一組（含兩片夾片，兩個 D 環及四組鉚釘）

注意事項：縫製出芽包繩時，縫紉機需要更換包繩壓布腳；蓋燙襯尺寸請參考袋蓋縫製。

1' 表後一字拉鍊口袋車縫，表前後車縫

1 依尺寸裁剪表袋布兩片，取一片表袋布（若有圖案，請留意圖案方向正確）做為表後，縫製一字拉鍊口袋，拉鍊口袋布和表袋布正面對正面，且離表袋布上緣 2.5 cm；一字拉鍊口袋車縫請參考 P.51。

3 兩片表袋布正面對正面，袋底對齊，強力夾固定袋底。

4 車縫袋底。

2 一字拉鍊口袋背面完成樣。

5 縫份撥開，至正面，離袋底車縫線兩側 0.3 cm 車縫壓線，完成表袋身組。

2' 出芽包繩車縫

1 依尺寸裁剪包繩斜布條兩條；斜布條裁剪請參考 P.43。

2 布條背面對背面，對摺燙，棉繩放入布條。

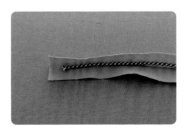

3 棉繩從布條隨意一端開始（A端）1 cm 往下放。

掀蓋長型側揹包

3' 表袋身和包繩車合：

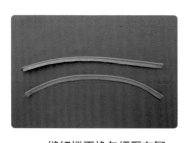

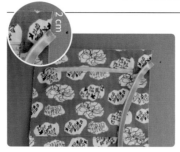

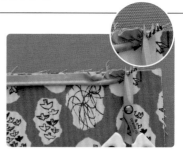

4 縫紉機更換包繩壓布腳，從 A 端開始車縫至斜布條的末端，先不要剪掉棉繩，由 A 端往末端順斜布條，再將多餘的棉繩剪去，完成兩條出芽包繩；出芽包繩車縫請參考 P.50 或 P.199 影片。

1 在表袋身組側邊的正面，標包繩起訖點：離袋口 2 cm，共標四個。

3 再將末端布條內的棉繩抽出，剪去 1 cm。

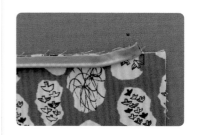

4 訖點包繩往外斜，珠針固定。

2 縫紉機使用包繩壓布腳，在袋身的正面，包繩 A 端的布條對摺邊對齊包繩起點（包繩呈微斜），包繩緊貼著包繩壓布腳邊車縫，車縫約 3~4 針後，縫紉機抬起壓布腳，將包繩拉直，布邊對齊袋側布邊，再放下壓布腳，車縫，車縫至包繩訖點前約 2 cm，縫紉機停止車縫，包繩布條對摺邊對齊包繩訖點（包繩往外斜拉），將多餘的包繩剪去。

5 縫紉機繼續車縫完成。

4' 表袋身和表袋側車縫：

6 往外斜出袋身布邊的包繩布邊，沿著袋側布邊剪去，起點也是。

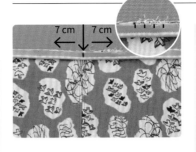

1 表袋身正面朝上，在袋底車縫線的左右 7 cm 剪牙口，牙口深度約 0.5 cm，請參考 P.76；弧度車縫剪牙口請參考 P.77。

4 珠針固定兩布的底部中心點，強力夾固定 U 型。

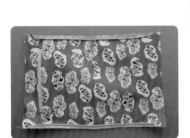

7 另一側邊也是用相同方法，完成袋身側邊和包繩車合工作。

2 依紙型裁剪表袋側兩片，底部剪中心小三角缺口；剪記號點方法請參考 P.80。

5 縫紉機使用包繩壓布腳，包繩緊貼壓布腳，車縫 U 型。

3 表袋身和表袋側正面對正面，表袋身的袋底車縫線對齊表袋側底部中心點。

6 完成正面樣，因為包繩有往外斜車縫，所以有完美的結束點。

＊影片：出芽包繩車法。

5' 袋蓋縫製：

7 另一側邊也是相同方法，完成表袋身和表袋側的車縫。

1 依紙型裁剪蓋布兩片，兩片蓋布燙襯（襯不含縫份，蓋上緣縫份是 0.5 cm，其餘是 1 cm）；燙襯的學問請參考 P.19。

5 cm
4 cm

2 取其中一片當內蓋，如圖在背面標出兩個母磁釦的位置。

3 安裝插銷磁釦請參考 P.23；內蓋上緣往裡摺 0.5 cm。

4 另一片則為外蓋，外蓋和內蓋正面對正面，強力夾固定 U 型，轉彎處和內蓋內摺 0.5 cm 的部分建議用珠針固定。

5 縫份 1 cm 車縫 U 型至兩端內蓋內摺 0.5 cm 處；車縫漂亮弧形請參考 P.74。

6 轉彎處剪去縫份的一半；厚布弧度縫份處理請參考 P.77。

6' 袋蓋和表袋後車縫：

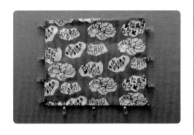

7 整理縫份，翻至正面。

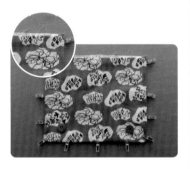

8 內蓋樣。

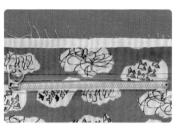

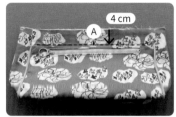

1 在表袋後離袋口 4 cm 畫平行袋口的記號線，並在線上標中心點（A 點）。

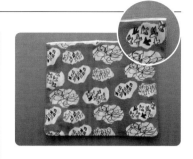

2 在外蓋正面上緣貼 3 mm 手藝用雙面膠帶。

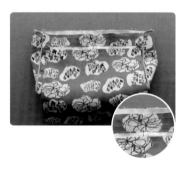

3 外蓋正面朝下，外蓋上緣中心點對齊表袋後 A 點，對齊畫線黏貼。

4 內蓋微掀，縫份 0.5 cm 只車縫外蓋，將外蓋固定在表袋後。

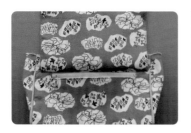

5 外蓋往上掀,整理縫份。

8 安裝插銷磁釦的方法請參考 P.23。

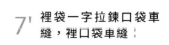

依尺寸裁剪裡袋兩片,取一片 裡袋布(若有圖案,請留意圖案方向正確),縫製一字拉鍊口袋,拉鍊口袋布和裡袋布正面對正面,兩者上緣對齊;一字拉鍊口袋車縫請參考 P.51。

1

6 離邊 0.7 cm 車縫壓線在外蓋上。

* 內蓋也要車縫到。

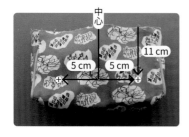

中心

11 cm

5 cm 5 cm

7 在表袋前,如圖標出兩個公磁釦的位置。

* 也可以試著蓋上蓋子,找出自己想要的磁釦位置。

2 裡袋完成一字拉鍊口袋,背面樣。

3 依尺寸裁剪裡口袋一片。

6 另一片裡袋布，正面朝上，放上裡口袋，兩者的三邊對齊強力夾固定。

9 兩片裡袋布正面對正面，袋底對齊，強力夾固定，兩珠針之間 12 cm 為返口；返口的學問請參考 P.64。

4 裡口袋直布紋方向背面對背面對摺，強力夾固定三邊。

7 縫份 0.5 cm 車縫固定三邊。

10 車縫袋底，返口處不車。

5 對摺邊做為袋口，離袋口 0.2 cm 車縫壓線一道，其餘三邊縫份 0.5 cm 車縫固定。

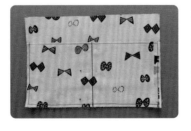

8 口袋畫上分隔記號線（大小可依照收納物品決定），珠針別在分隔畫線上，依畫線車縫。

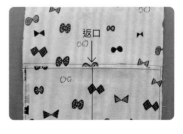

返口

11 縫份撥開，至正面，離袋底車縫線兩側 0.5 cm 車縫壓線，完成裡袋身組。

8' 裡袋身和裡袋側車縫

1 參考表袋身和表袋側的車縫方法，裡袋身在袋底車縫線的左右 7 cm 剪牙口，牙口深度約 0.5 cm。

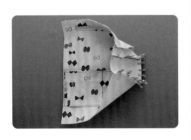

2 依紙型裁剪裡袋側兩片，底部剪中心小三角缺口。

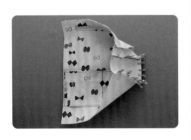

3 裡袋身和裡袋側正面對正面，裡袋身的袋底車縫線對齊裡袋側底部中心點，珠針固定兩者底部中心點，強力夾固定 U 型。

4 車縫 U 型。

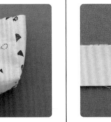

5 翻至正面，正面樣。

6 另一側邊也是相同方法，完成裡袋身和裡袋側的車縫。

9' 袋口布和裡袋車縫

1 依紙型裁剪袋口布兩片，兩片布正面對正面，珠針固定兩側。

2 車縫兩側。

3 整理縫份，至正面，兩側各自離車縫線左右 0.3 cm 車縫壓線。

10' 表裡袋袋口車縫：

4 裡袋側上緣標中心點，裡袋身標前後中心點，袋口布下緣標前後中心點，袋口布下緣和裡袋正面對正面，袋口布側邊車縫線對齊裡袋側上緣中心點，袋口布和裡袋身的前後中心點對齊，強力夾固定一圈。

6 縫份倒向袋口布，整理縫份，至正面，離車縫線 0.3 cm 車縫壓線在袋口布上。

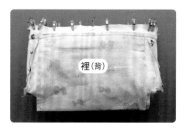

1 表袋側上緣標中心點，表袋身標前後中心點，袋口布標前後中心點，表袋正面朝外，裡袋背面朝外，表袋往裡袋套入，而者正面對正面，袋口布側邊車縫線對齊表袋側上緣中心點，袋口布和表袋身的前後中心點對齊，中心點珠針固定，強力夾固定一圈；表裡結合面向請參考 P.81。

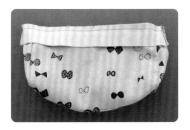

5 車縫。

2 車縫袋口一圈，縫份撥開，整理縫份。

3　從裡袋底返口拉出表袋。

1　在袋側的中間，放上夾片，記號筆依夾片上的孔洞標布的打洞位置。

* 夾片位置需保留夾片對摺後放進 D 環的空間。

4　備有問號鉤的斜揹帶一組。

4　整理袋口。

2　布打洞位置，用打洞工具打洞。

5　袋口離邊 0.3 cm 車縫壓線一圈。

3　夾片套入 D 環，夾住袋側，釘上夾片；釘鉚釘方法請參考 P.31。

5　鉤上斜揹帶。

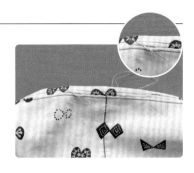

6 藏針縫縫合裡袋底返口；
藏針縫針法請參考 P.66。

7 完成。

practice

掀蓋長型側揹包

Item

拉鍊果凍
側揹包

12

完成尺寸 _

長 26 cm × 高 20 cm

學習重點 _

1. 袋口拉鍊車縫。
2. 果凍材質車縫。
3. 裝飾物縫製。

作品布材 _

A. 表袋：棉麻布
B. 裡袋：棉麻布
C. 表前口袋：果凍布

用布量 (110cm 幅寬) _

A. 表袋 1 尺，B. 裡袋 1.5 尺，C. 果凍布 0.5 尺

✂ 裁布說明 (已含縫份)

- 表袋前後 (A)　　28 × 22 ↕ cm　　兩片 ▨
- 裡口袋 (A)　　　28 × 28 ↕ cm　　一片

- 裡袋前後 (B)　　28 × 22 ↕ cm　　兩片
- 表後拉鍊口袋 (B) 21 × 33 ↕ cm　　一片

- 表前口袋 (C)　　28 × 15 ↕ cm　　一片

▨ 表示燙厚襯；是否燙襯視選擇布材。

⟳ 配件

人字織帶　A: 長 7cm × 寬 2cm｜一條
　　　　　B: 長 28cm × 寬 2cm｜一條
揹帶織帶　長 150cm × 寬 2.5cm｜一條

撞釘磁釦　直徑 18mm｜一組

雞眼釦　外徑 15mm｜四組，D 問號鉤　2.5cm｜兩個
拉鍊 18cm｜一條，拉鍊 25cm｜一條
日環 2.5cm｜一個，皮片 3 × 5cm｜一片，棉花 少許

注意事項：車縫果凍布材縫紉機需要更換皮革壓布腳。

1' 袋前裝飾物縫製：

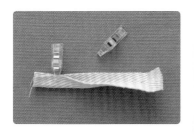

1 人字織帶 A 對摺。

4 裁剪一塊比圖樣布片大的布做為背布，兩片布正面對正面，珠針固定，用記號筆畫車縫記號線（約離圖樣 1~1.5 cm）。

7 翻至正面，填入棉花。

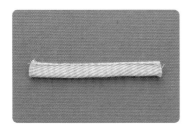

2 離織帶邊 0.1 cm 車縫。

5 依畫線車縫，底部留返口 2~3 cm 不車。

8 以藏針縫縫合返口；藏針縫針法請參考 P.66。

3 取表布喜愛的圖樣布片，布片大小需圖樣周圍再外加 2~3 cm，織帶一端和布片的上緣對齊珠針固定，縫份 0.5 cm 車縫固定。

6 離車線約 0.5 cm 做為縫份（返口處留 1 cm 縫份），其餘剪去。

拉鍊果凍側揹包

2' 果凍口袋車縫：

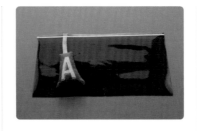

1 依尺寸裁剪果凍口袋布一片,裝飾物放在果凍布上緣適當位置,如圖約 7 cm。

4 依畫線貼手藝用雙面膠帶 (畫線在膠帶下緣)。

7 離織帶邊 0.2 cm 車縫壓線一道。

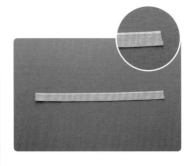

2 縫份 0.7 cm 車縫固定。

5 人字織帶 B 一長邊貼雙面膠帶 (A 邊)。

3 用市售的擦擦筆離果凍布上緣 0.8 cm 畫線;特殊材質做記號請參考 P.70。

6 人字織帶另一長邊貼在果凍布上緣,織帶 A 邊往裡包覆果凍布上緣,對齊外層織帶黏貼。

practice

3' 表後一字拉鍊口袋車縫，表前和果凍口袋車縫：

1 依尺寸裁剪表袋前後兩片，取一片表袋布（若有圖案，請留意圖案方向正確）做為表後，縫製一字拉鍊口袋，拉鍊口袋布和表袋布正面對正面，且離表袋布上緣 1.5 cm；一字拉鍊口袋車縫請參考 P.51。

2 表袋後完成一字拉鍊口袋，背面樣。

3 果凍布放置在另一片表袋布的正面上（若有圖案，請留意圖案方向正確），強力夾固定二邊。

4 縫紉機更換皮革壓布腳，三邊縫份 0.8 cm 車縫固定。

5 離果凍布上緣中間位置 2.5 cm 標釘磁釦的位置，表袋也標相對磁釦位置；釘撞釘磁釦方法請參考 P.25，完成表袋前。

4' 裡口袋車縫：

1 依尺寸裁剪裡口袋一片，口袋布直布紋方向背面對背面對摺，強力夾固定三邊，

2 對摺邊做為袋口，離袋口 0.2 cm 車縫壓線一道，其餘三邊縫份 0.5 cm 車縫固定。

3 依尺寸裁剪裡袋布兩片，取一片裡袋布，正面朝上，放上裡口袋，兩者的三邊對齊強力夾固定，並畫上分隔記號線（大小可依照收納物品決定），珠針別在分隔畫線上。

拉鍊果凍側揹包

4 三邊縫份 0.5 cm 車縫固定；依分隔畫線車縫出分隔口袋。

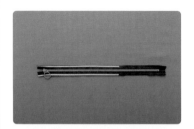

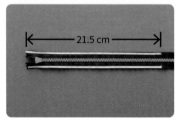

21.5 cm

1 備一條 25 cm 拉鍊，拉鍊正反兩面的兩側皆黏貼手藝用雙面膠帶共計四邊，黏貼範圍：拉鍊頭布面尖端起貼 21.5 cm 長。

* 照片中的拉鍊為 30 cm 長，請備 25cm 長。

B 4 cm / A 2.5 cm

2 在表袋前片正面袋口標黏貼拉鍊記號點：拉鍊頭的方向離表前右側布邊 2.5 cm（A 點），離左側布邊 4 cm（B 點）。（AB 之間為袋口貼拉鍊的範圍。）

* 留意拉鍊頭方向和表後拉鍊一致；請參考 P.79。

撕拉鍊同一側的正面與背面膠帶背膠，拉鍊黏貼在表裡布中間的 AB 點（表布正面朝上，拉鍊反面朝上，裡布背面朝上），表裡側邊對齊。

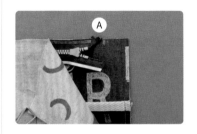

A

4 A 點的拉鍊頭背面的布面往上摺 90 度。

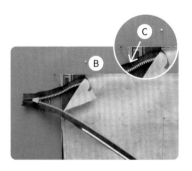

C / B

5 拉鍊尾：B 點用珠針固定三者（表、裡和拉鍊）。表袋布面側邊標 2 cm 記號點（C 點），拉鍊往下斜拉至 C 點，珠針固定拉鍊和表袋的 C 點。

6 雖然有用膠帶黏貼，但還是可以用強力夾輔助。

9 車縫完成正面樣。

12 記得 A 點拉鍊頭背面布面摺 90 度。

7 縫份 0.5 cm，從拉鍊頭的方向開始車縫。

10 表袋後和拉鍊的另一側也是相同方法，標 AB 點。

13 強力夾協助固定表裡袋和拉鍊。

8 整理縫份。

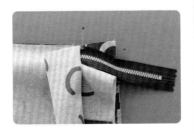

11 表後和裡袋布黏貼拉鍊，珠針固定 B 點，相同方法標 C 點，珠針固定拉鍊和 C 點。

14 記得從拉鍊頭的方向開始車縫，縫份 0.5 cm。

15 完成拉鍊兩側和表裡袋的袋口車縫。

16 拉鍊頭這端完成樣。

17 拉鍊尾端漸離袋口的完成樣。

18 拉鍊同一側的表裡袋布倒向同側，表裡袋布皆整理縫份，離摺邊 0.2 cm，壓線在袋布上，另一側也是。

＊B 點的拉鍊布面微拉離袋布。

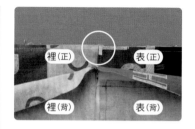

裡（正）　表（正）
裡（背）　表（背）

1 表裡袋布攤平，兩表袋布和兩裡袋布各自在一側，在表裡袋口的車縫處黏貼手藝用雙面膠帶（圈選處），膠帶可幫助車縫側邊時袋口車縫線對齊。

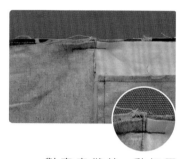

2 對齊車縫線，黏好膠帶，縫份 1 cm，可以先車 2 cm（袋口車縫線的左右 1 cm）。

3 這樣的方法，可容易讓車縫線對齊，另一邊也是相同方法。

＊袋口側邊會因為表裡布的厚度造成車縫錯位，以上的方法可以完美車縫。

7' 可卸式斜揹帶縫製：

4 表裡袋身用強力夾固定一圈，裡袋底約 12 cm 為返口；返口的學問請參考 P.04。

7 離車線 0.2 cm，四個袋角剪去角，表裡袋口兩端剪〈字。

1 備好製作可卸式斜揹帶所需的配件：
2.5 cm 日型環一只、2.5 cm 問號鉤兩只、2.5 cm 寬織帶 150 cm 一條。

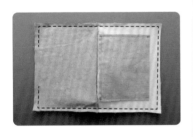

5 裡袋袋底縫份為 1.5 cm，其餘皆為 1 cm，車縫一圈，返口處不車；裡袋的高度請參考 P.76。

8 整理縫份，從裡袋底返口處翻至正面，用強力夾輔助固定縫份。

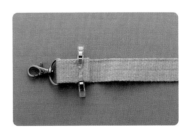

2 織帶一端套入問號鉤，織帶端離鉤環 4~5 cm，再反摺 1~1.5 cm，強力夾固定。

6 表袋果凍布的縫份僅留 0.2~0.3 cm，其餘剪去。

9 裡袋底返口用藏針縫縫合；藏針縫針法請參考 P.66。

3 織帶另一端先套入日環，再套入問號鉤環，再往回穿入日環的橫槓（跨在橫槓上），織帶拉出 4~5 cm，再反摺 1~1.5 cm，強力夾固定。

8' 袋口釘雞眼釦，拉鍊尾皮片車縫：

4 在織帶兩端的反摺處皆車縫一個 2 cm 的長方形（也可以再車縫打叉加強），固定住反摺的織帶；可卸式揹帶縫製請參考 P.36。

* 車縫前，確認織帶兩端是否同一面向。

1 離袋口袋側皆 1.5 cm 標雞眼釦位置，前後左右共四個。

2 釘上雞眼釦；釘雞眼釦方法請參考 P.33。

3 備皮片 3 × 5 cm，包住拉鍊尾端，可以用強力夾固定或手藝用雙面膠帶黏貼；特殊材質車縫固定請參考 P.70。

4 離邊 0.1cm，車縫皮片一圈。

* 縫紉機更換皮革壓布腳。

5 斜對角鉤上斜揹帶，完成。

拉鍊果凍側揹包

小波士頓
手提包

13 | ⌂ 〜 〜 實物紙型 **B** 面

完成尺寸（不含提把）_
長 20 cm × 寬 10 cm × 高 11 cm

學習重點 _
1. 四分之一等分方式車縫。
2. 直邊與弧度車縫時，直邊需剪牙口。

作品布材 _
A. 表袋：厚棉布
B. 裡袋：水洗牛仔布

用布量（110cm 幅寬）_
A. 表袋 1 尺，B. 裡袋 1.5 尺

（布有圖案方向性）

✂ 裁布說明（已含縫份）

▪ 表袋前後（A）	（參紙型 ❶）	兩片 ▨
▪ 表側上（A）	33 × 6 ↕ cm	兩片 ▨
▪ 表側下（A）	（參紙型 ❷）	兩片 ▨
▪ 裡袋前後（B）	（參紙型 ❶）	一片
▪ 裡側上（B）	33 × 6 ↕ cm	兩片
▪ 裡側下（B）	（參紙型 ❷）	兩片
▪ 裡口袋（B）	22 × 16 ↕ cm	一片

▨ 表示燙厚襯；是否燙襯視選擇布材。

⟳ 配件

拉鍊 30cm｜一條
皮提把 長 37cm × 寬 1.5cm｜一組
彩色鉚釘 直徑 6mm｜八組

注意事項：初學者不建議表袋布材選擇帆布。

1' 袋口拉鍊車縫：

1 依尺寸裁剪側上表裡布各兩片，備拉鍊 30 cm 一條；四片布的一邊長邊和拉鍊兩側皆標中心記號點；標記號點方法請參考 P.80。

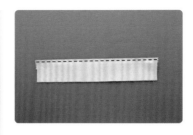

4 縫份 0.5 cm 車縫。

7 離邊 0.2 cm 車縫壓線拉鍊兩側，完成側上。

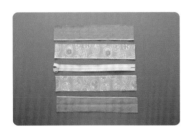

2 四片布的正面標中心記號點的長邊貼手藝用雙面膠帶；黏貼方法請參考 P.79。

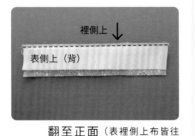

裡側上 ↓

表側上（背）

5 翻至正面（表裡側上布皆往上，露出拉鍊另一側），整理縫份，再相同方法貼合拉鍊另一側的表裡側上布，留意四片布的兩側布邊要對齊，縫份 0.5 cm 車縫。
＊黏貼完車縫前，可先掀開布片確認是否正確。

practice

3 一片表側上，一片裡側上和拉鍊黏貼，拉鍊在中間（表側上布正面朝下，拉鍊正面朝上，裡側上布正面朝上），三者的中心點對齊且貼合。

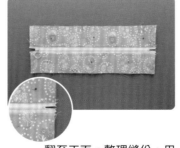

6 翻至正面，整理縫份，用珠針（珠針離拉鍊 2 cm）橫向固定表裡布，可防止布面上下滑動。

＊影片：袋口（剪碼）拉鍊車縫。

小波士頓手提包

$2'$ 袋側上和側下車縫：

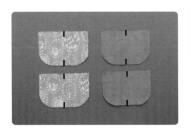

1 依紙型裁剪表側下兩片和裡側下兩片，四片皆標中心點。

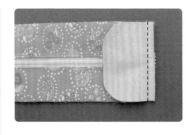

4 車縫。

7 強力夾固定側上和側下一圈。

2 側上拉開拉鍊頭，拉鍊頭的拉鍊布片靠攏，縫份0.5 cm 車縫固定。

5 至正面，表裡側下同一側，縫份倒向側下，整理縫份，離邊 0.2 cm 車縫壓線在側下。

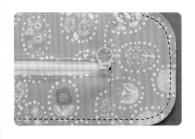

8 離布邊 0.7 cm 車縫一圈，形成袋側組。

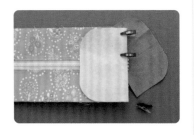

3 表側上正面朝上，表側下正面朝下蓋在側上，裡側下正面朝上置於最下方，三者中心記號點對齊，強力夾固定。

6 另一邊也是相同方法車縫側下及壓線。

3' 表袋前後和袋側組車縫：

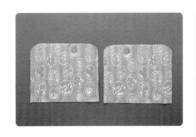

1 依紙型裁剪表袋前後兩片。

2 兩片正面對正面，袋底對齊且強力夾固定。

3 車縫。

4 縫份撥開，整燙。

5 至正面，離車縫線左右0.2 cm 各自壓線。

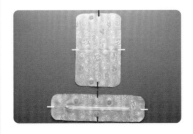

6 表袋和袋側組皆標四等分記號點，如圖車縫結合點為袋身的紅（黃）等分點對應袋側組的紅（黃）等分點。

7 兩者的表布正面對正面。

袋側（背）

8 經過袋身的小圓角處，袋側組需要剪牙口；弧度車縫剪牙口請參考 P.77。

9 袋身與袋側組車縫工作建議採四分之一等分方式車縫，所以用珠針先固定四分之一。

10 同樣的方法,經過袋側組的小圓角,袋身需要剪牙口(圖中圈選處)。

13 整理縫份,翻至正面樣,完成表袋組。

1 依紙型裁剪裡袋一片,依尺寸裁剪裡口袋一片。

11 縫份 0.7 cm 車縫四分之一等分。

2 裡口袋直布紋方向正面對正面對摺,強力夾固定底部。

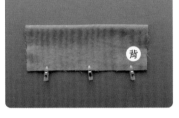

12 重複以上的固定四分之一等分以及直邊處需剪牙口的動作,完成其他四分之三等分車縫工作。

3 縫份 0.7 cm 車縫底部。

5' 表裡袋車縫：

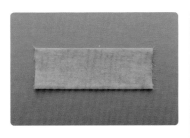

4 整理縫份，翻至正面。

7 兩側離邊 0.5 cm 車縫固定，袋底離邊 0.2 cm 車縫，依畫線車縫分隔線；裡袋標四等分記號點。

5 對摺邊當袋口，離邊 0.2 cm 車縫壓線一道。

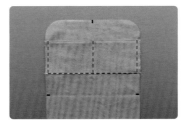

裡側上（正）

裡袋（背）

1 表袋組翻至裡面，裡側上和裡袋正面對正面，參考表袋前後和袋側組車縫方法，裡袋和袋側組車縫也是採四分之一等分方式車縫，縫份⊥cm，直邊處記得需剪牙口。

2 最後一等分車縫時，需要留約 12 cm 返口不車縫；返口的學問請參考 P.64。

* 返口選擇在袋口直線處。

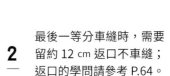

↓6 cm

6 裡布正面朝上放上裡口袋，袋口離布邊 6 cm，強力夾固定兩側，袋底用珠針固定，口袋中間畫出分隔記號線。

3 整理縫份，從裡袋返口翻至正面。

6' 安裝提把：

1 備市售皮提把一組，及鉚釘 8 組。在表袋身上標提把位置：提把內側離中心左右 5 cm，提把端點離上緣 4 cm。

按照這個位置放上提把，再依提把上的鉚釘孔洞，在袋身上標打洞的位置，用打洞工具在布上打洞，打洞前，請務必將表裡袋的布理順。

3 整理裡袋返口，藏針縫縫合返口；藏針法針法請參考 P.66，完成。

2 安裝提把釘上鉚釘；釘鉚釘方法請參考 P.31。

practice

小波士頓手提包

Item

短把
圓筒包

14 ｜ 實物紙型 B 面

完成尺寸（不含提把）＿
直徑 16 cm × 高 20 cm

學習重點＿
1. 拉鍊車縫。
2. 圓形包邊。
3. 剪碼拉鍊頭安裝。

作品布材＿
A. 表袋：薄帆布
B. 裡袋：棉麻布

用布量（110cm 幅寬）＿
A. 表袋 1 尺，B. 裡袋 1.5 尺
（布無圖案方向性）

✂ 裁布說明（已含縫份）

▪ 表蓋（底）(A)	（參紙型）	兩片 ▨
▪ 表袋上（A）	43 × 8 ↕ cm	一片
▪ 表袋下（A）	43 × 18 ↕ cm	一片
▪ 表後擋布（A）	15 × 22.5 ↕ cm	一片
▪ 提把布（A）	12 × 24 ↕ cm	一片 1/2 ▨
▪ 裡蓋（底）(B)	（參紙型）	兩片 ▨
▪ 裡袋上（B）	43 × 5 ↕ cm	一片
▪ 裡袋下（B）	43 × 18 ↕ cm	一片
▪ 裡後擋布（B）	15 × 22.5 ↕ cm	一片
▪ 裡口袋（B）	43 × 12 ↕ cm	一片
▪ 裡包邊斜布條（B）	56 × 4.5 cm	兩條

▨ 表示燙厚襯，1/2 ▨ 表示布一半燙厚襯；是否燙襯視選擇布材。

⊘ 配件

5V 剪碼拉鍊　43cm｜一條
拉鍊頭｜2 個

注意事項：如果沒有剪碼拉鍊，也可以使用 40cm 的拉鍊。

1' 提把車縫：

1 依尺寸裁剪提把布一片，提把布的中間燙襯。

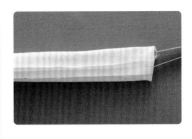

4 縫份撥開，用鑷子工具協助翻面工作。

2 短邊正面對正面對摺，強力夾固定兩長邊。

5 將車縫線放置後中間。

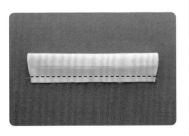

3 車縫長邊。

6 至正面，離上下摺邊 0.2 cm 車縫壓線。

2' 裡袋車縫口袋：

1 依尺寸裁剪裡口袋一片，袋口往正面摺 0.7 cm 兩次，整燙，強力夾固定。

2 離邊 0.1 cm 車縫壓線。

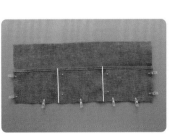

3 依尺寸裁剪裡袋下一片，布正面朝上，放上裡口袋（正面朝上），兩者底部對齊，強力夾固定兩側及袋底，口袋可依自己的使用物尺寸畫分隔線，珠針固定分隔線。

3' 袋口剪碼拉鍊車縫，安裝拉鍊頭：

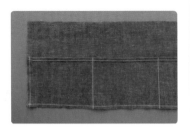

4 縫份 0.5 cm 車縫兩側和袋底，依畫線車縫分隔線。

1 依尺寸裁剪表袋上、表袋下、裡袋上，備剪碼拉鍊一條；表袋上、表袋下、裡袋上、裡袋下四片布的一邊長邊和拉鍊兩側皆標中心記號點；標記號點方法請參考 P.80。

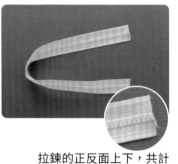

2 拉鍊的正反面上下，共計四邊皆黏貼手藝用雙面膠帶；黏貼方法請參考 P.79。

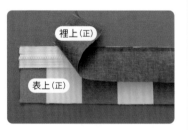

3 剪碼拉鍊布面沒有分正反面，表裡袋上布片正面對正面，拉鍊在表裡的中間，三者中心點對齊且黏貼。

4 縫份 0.7 cm 車縫。

5 翻至正面，用長夾夾住完成的表裡袋上布，再以相同方法將表裡袋下布片和拉鍊另一側貼合，留意兩側邊對齊。

* 裡下留意口袋方向。

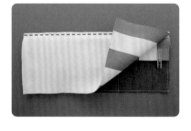

6 縫份 0.7 cm 車縫。

7 翻至正面,整理表裡縫份。

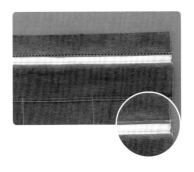

9 裡袋上正面朝上,離邊0.2 cm 壓線在裡袋上。

12 拉鍊兩端皆拔掉拉鍊齒,上下各拔 3 個(約 1 cm)。

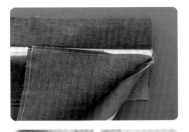

8 上布只有裡袋壓線,所以將表上、表下和裡下三片布皆往另一個方向倒。

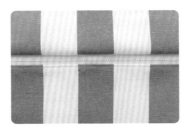

10 整理下布的表裡,表下正面朝上,離布邊 0.2 cm 表裡一起壓線在下布上。

13 從拉鍊兩端安裝雙拉鍊頭;安裝剪碼拉鍊方法請參考 P.22。

11 裡面壓線樣。

14 安裝之後,試著拉動兩端拉鍊頭確認吻合,布的側邊是否對齊。

15 表袋上布往下布摺，朝下布靠攏，遮住拉鍊，用珠針固定，形成袋身組。

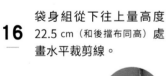

16 袋身組從下往上量高度22.5 cm（和後擋布同高）處畫水平裁剪線。

17 先離裁剪線 0.5 cm（往內0.5 cm）車縫，再依裁剪線剪，再依裁剪線剪去多餘的上布。

18 袋身組兩側及底部強力夾固定。

19 離邊 0.7 cm 車縫兩側及底部。

＊影片：袋口（剪碼）拉鍊車縫。

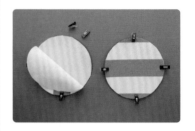

1 依紙型裁剪表蓋（底）、裡蓋（底）各兩片，表裡各一片背面對背面，分為兩組，強力夾固定。

2 離邊 0.7 cm 車縫一圈。

3 選一組當蓋，蓋正面的中間處放上提把（蓋標四等分點，提把端在左右等分點），強力夾固定。

5' 袋身組和後擋布車縫

4 離提把邊 0.7 cm 車縫。

裡後擋布

1 依尺寸裁剪表裡後擋布各一片,袋身組在表裡後擋布中間(如圖,表後擋布正面朝下,裡後擋布正面朝上),強力夾固定三者的側邊。

2 車縫。

3 表裡後擋布往左翻,縫份倒向後擋布,整理縫份,至正面,離車縫線 0.2 cm 壓線在後擋布上。

4 同上圖的面向,袋身組的另一側往左拉,表後擋布的另一側邊往右拉,兩者正面對正面,強力夾固定。

5 縫份 0.7 cm 車縫(A 邊)。

6 裡後擋布順時針繞過袋身組。

7 袋身組收捲。

10 車縫 A 邊。

13 至正面，離車縫線 0.3 cm 壓線在後擋布上。

8 裡後擋布正面朝 A 邊覆蓋。

11 從上方拉出袋身組。

14 後擋布上下強力夾固定表裡。

9 強力夾固定 A 邊。

12 A 邊縫份倒向後擋布，整理縫份。

15 縫份 0.7 cm 車縫。

6' 上蓋和下底和袋身車縫及包邊

1 後擋布中心為後中心點，袋身組中心為前中心點，再找出左右側邊點；做四等分記號方法請參考 P.80。

4 強力夾固定上蓋和袋身上緣一圈。

7 裁剪斜布條；斜布條裁剪及接合請參考 P.43。斜布條和上蓋裡正面對正面，起點反摺 1 cm；包邊方法請參考 P.48。

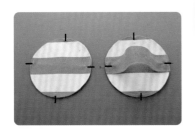

2 上蓋和底也標四等分記號點，上蓋提把為左右側。

5 縫份 0.7 cm 車縫。

8 終點覆蓋在起點 1 cm 上（圖中圈選處，終點不需反摺）。強力夾固定一圈。

3 上蓋和袋身上緣的表布正面對正面，四等分點對齊。
* 蓋子的左右 對齊袋身的左右點。

6 翻至正面檢視，若無問題，剪牙口一圈；剪牙口的學問請參考 P.76。

9 車縫。

10 翻至正面檢視，若無問題，至裡面，整理縫份，斜布條往裡袋上布邊摺，然後再摺一褶至上一步驟的車線，強力夾固定一圈；包邊方法請參考P.48。

13 正面樣。

16 正面樣。

11 離摺邊 0.1~0.2 cm 車縫壓線一圈（在車縫時，這個面向朝上）。初學者最後包邊步驟也可以使用斜針縫縫合；斜針縫針法請參考P.68。

14 下底和袋身也是相同方法進行車縫及包邊。

17 完成。

12 完成樣。

15 袋子完成上蓋和下底車縫及包邊。

微笑口袋
吐司包

完成尺寸（不含提把）_
長 20 cm × 寬 11 cm × 高 20 cm

學習重點_
1. 袋身包邊。
2. 微笑外口袋車縫。

作品布材_
A. 表袋：厚棉布
B. 裡袋：厚棉布
C. 外口袋：厚棉布

用布量（110cm 幅寬）_
A. 表袋 1.5 尺，B. 裡袋 2 尺，C. 外口袋 1.5 尺
（布無圖案方向性）

✂ 裁布說明（已含縫份）

- 表袋前後 (A) （參紙型 ❶） 兩片 ▨
- 表側上 (A) 37.5 × 6.5 ↕ cm 兩片 ▨
- 表側下 (A) 46 × 13 ↕ cm 一片 ▨
- 提把 (A) 7 × 36 ↕ cm 兩片 ▥

- 裡袋前後 (B) （參紙型 ❶） 兩片 ▥
- 裡側上 (B) 37.5 × 6.5 ↕ cm 兩片 ▥
- 裡側下 (B) 46 × 13 ↕ cm 一片 ▥
- 裡口袋 (B) 22 × 45 ↕ cm 一片
- 裡包邊斜布條 (B) 85 × 4.5 cm 兩條

- 表後拉鍊口袋 (C) 18.5 × 33 ↕ cm 一片 ▥
- 表前微笑口袋 (C) 16 × 40 ↕ cm 一片 ▥

▨ 表示燙厚襯，▥ 表示燙薄襯；是否燙襯視選擇布材。

⏣ 配件

5V 拉鍊 35cm | 一條，拉鍊 15cm | 一條
彩色鉚釘 直徑 6mm | 八組

注意事項：微笑口袋是作品特色，可以在配色上用心讓作品更有亮點。

1' 袋口拉鍊車縫：

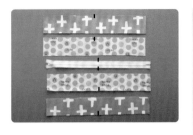

1 依尺寸裁剪表側上和裡側上各兩片，備 35 cm 拉鍊一條；四片布的一邊長邊和拉鍊兩側皆標中心記號點；標記號點方法請參考 P.80。

2 在四片布的正面，標中心記號點的長邊貼上手藝用雙面膠帶；黏貼方法請參考 P.79。

3 如圖，拉鍊在表裡側上布的中間（表側上布正面朝下，拉鍊正面朝上，裡側上布正面朝上），三者中心點對齊，黏貼。

4 縫份 0.7 cm 車縫。

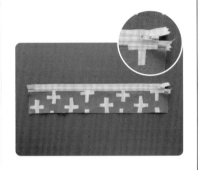

5 整理縫份，翻至正面，表裡倒向同一側，離邊 0.2 cm 車縫壓線在表裡的側上布上。

6 另一側拉鍊也以相同方法和表裡側上夾車並至正面壓線，完成側上布組。

* 袋口拉鍊車縫影片請看 P.238。

2' 側上和側下車縫：

表側下（背）

裡側下（正）　表側下（背）

1 依尺寸裁剪表側下和裡側下各一片，如圖，側上布組在表裡側下的中間。

* 如果側上布組和側下布不同寬，可以微修剪。

2 珠針固定三者側邊，車縫，背面樣。

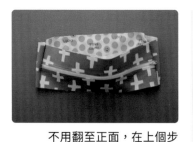

3 不用翻至正面，在上個步驟的面向，另一側邊也是相同方法，表裡側下布包夾側上布組，珠針固定三者側邊，車縫，翻至正面，側上和側下車合後，形成圈狀。

4 側上兩側縫份皆倒向側下，整理縫份。

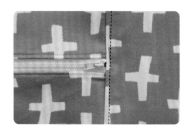

5 離邊 0.2 cm 車縫壓線在表裡側下，完成袋側組。

6 袋側組兩側布邊對齊，兩側強力夾固定。

＊布邊可能會出現不齊，是因為車縫拉鍊的縫份或者整理縫份不均的關係，此時可進行微修剪。

7 離邊 0.7 cm 車縫。

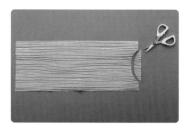

1 依尺寸裁剪表前微笑口袋布一片，用微笑口紙型畫在布上（兩者中心對齊），依畫線修剪出微笑口。

2 依紙型裁剪表袋前後兩片，任取一片做為表前，和口袋布正面對正面，兩者中心點對齊，珠針固定微笑口。

3 縫份 0.5 cm 車縫微笑口。

3' 表前微笑口袋車縫，表後一字拉鍊口袋車縫：

4 依著微笑口布邊剪去表前。

7 離袋口 0.2 cm 車縫壓線。

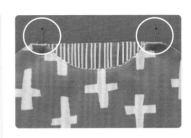

10 表袋前正面朝上，口袋上緣和表袋前重疊處三片布用珠針固定，如圖圈選處。

practice

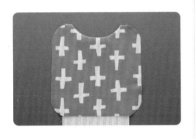

5 口袋布往上翻至表前的裡面，整理袋口，可微微露出口袋布，增添配色效果。

8 口袋布正面對正面往上對摺，表袋前正面朝上，強力夾固定口袋兩側邊。

11 縫份 0.7 cm 車縫重疊處。

6 背面樣。

9 縫份 0.7 cm 車縫口袋兩側邊。

12 另一片表袋後縫製一字拉鍊口袋，拉鍊口袋布和表袋布正面對正面，且離表袋布上緣 3 cm；一字拉鍊口袋車縫請參考 P.51。

微笑口袋吐司包

4' 裡口袋車縫：

13 表袋後完成一字拉鍊口袋，背面樣。

1 依尺寸裁剪裡口袋布一片，口袋布直布紋方向背面對背面對摺（正面朝外），強力夾固定兩側邊。

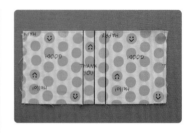

4 口袋畫出中心線，中心線的左右 2 cm 也各畫一道車摺線。

2 縫份 0.7 cm 車縫兩側邊。

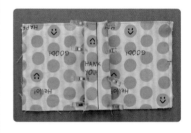

5 依左右車摺線摺布，用強力夾固定。

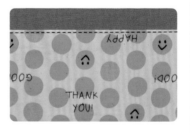

3 對摺邊做為袋口，離袋口 0.2 cm 車縫壓線。

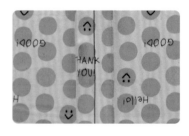

6 離摺邊 0.1 cm 壓線。

5' 表裡袋前後車縫：

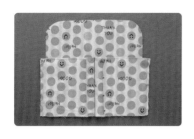

7 依紙型裁剪裡袋前後兩片，取一片裡袋，正面朝上，放上裡口袋，兩者的袋底對齊，中心線也對齊，用珠針固定兩者的中心線。

10 正面樣。

1 表前和沒有口袋的裡袋背面對背面，珠針固定一圈，形成袋身組 A。

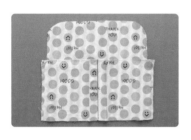

8 車縫中心線。

11 側邊和底部皆縫份 0.7 cm 車縫 U。

2 縫份 0.7 cm 車縫一圈。

9 口袋側邊對齊裡袋側邊，口袋車褶往中心線靠攏，側邊和底部皆用強力夾固定，翻至背面，依著裡袋修剪口袋底部兩圓角。

3 另一片表後和有口袋的裡袋背面對背面，珠針固定，縫份 0.7 cm 車縫一圈，形成袋身組 B。

* 留意裡口袋袋口和拉鍊口袋方向一致。

$6'$ 袋身組和袋側組車縫及包邊：

1 袋身組兩片和袋側組，三者皆標上下左右四個等分點，如圖：紅等分點為上下點，黃等分點為左右點；做四等分記號點方法請參考 P.80。

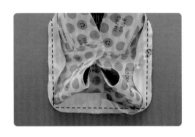

4 縫份 0.7 cm 車縫一圈，翻至正面，確認車縫成功。

7 車縫一圈。

2 袋側組和袋身組 A 的表布正面對正面，等分點用珠針固定，強力夾固定一圈；弧度車縫剪牙口請參考 P.77。

* 留意袋側組的拉鍊頭方向和袋身組 B 是否一致。

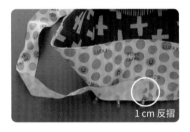

1 cm 反摺

5 裁剪斜布條，斜布條裁剪及接合請參考 P.43。斜布條和裡側下正面對正面，起點反摺 1 cm；包邊方法請參考 P.48。

8 翻至正面檢視，若無問題，至裡面，整理縫份，斜布條往裡袋身布邊摺一褶，再摺至上一步驟的車線，強力夾固定一圈。

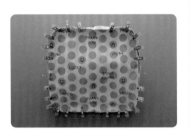

3 留意微笑口袋的方向是朝側上拉鍊口。

6 終點覆蓋在起點 1 cm 上（終點無須反摺），強力夾固定一圈。

9 在車縫時，這個面向朝上。

7' 提把製作：

10 離摺邊 0.1~0.2 cm 車縫壓線一圈，完成後，翻至正面檢視，有無問題。初學者最後包邊步驟也可以使用斜針縫縫合；斜針縫針法請參考 P.68。
袋側組和袋身組 B 也是相同方法進行車縫及包邊。

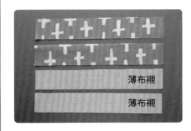

1 依尺寸裁剪提把布兩片，並且燙薄布襯。

4 上下再往中心線摺燙。

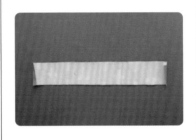

2 兩端皆往裡摺 1 cm。

5 再對摺，強力夾固定。

11 完成包邊，表前正面樣。

3 對摺燙出中心線，攤開布。

6 離邊 0.1 cm 壓線四邊；縫製布提把請參考 P.40。

* 先從強力夾固定的長邊開始車縫。

8' 安裝提把 :

1 布提把用打洞工具在寬度的中間打兩個洞：第一個洞離端點 0.7 cm，第二個洞離第一個洞 1 cm。

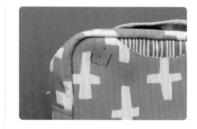

4 再依提把的洞標袋身打洞的位置。

2 在袋口標出紙型上的提把位置。

5 袋身打洞，釘上鉚釘；釘鉚釘方法請參考 P.31，完成。

3 提把放置在袋身的提把位置。

practice

微笑口袋吐司包

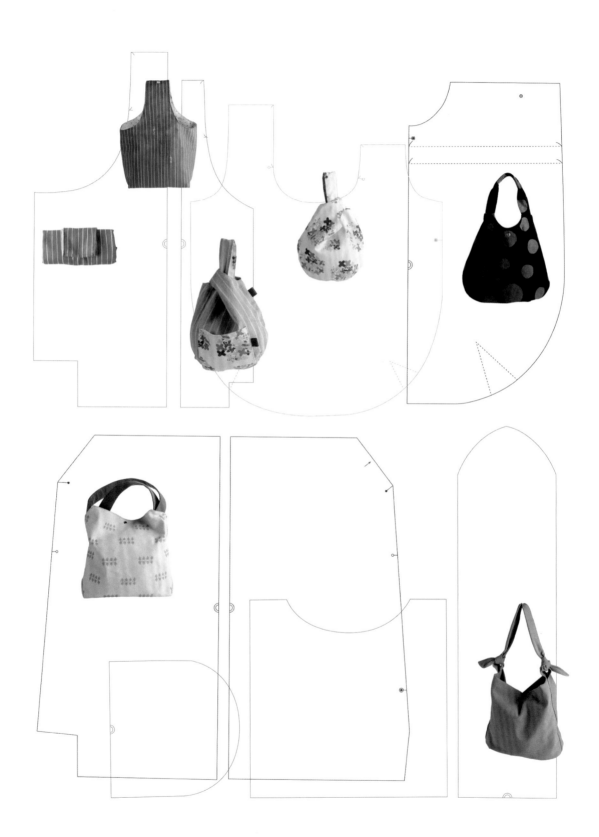

作者	吳玉真
攝影	王正毅
美術設計	Zoey Yang
影片製作	歐淳方

社長	張淑貞
總編輯	許貝羚
行銷企劃	呂玠蓉

發行人	何飛鵬
事業群總經理	李淑霞
出版	城邦文化事業股份有限公司 麥浩斯出版
地址	104 台北市民生東路二段 141 號 8 樓
電話	02-2500-7578
傳真	02-2500-1915
購書專線	0800-020-299

發行	英屬蓋曼群島商家庭傳媒股份有限公司城邦分公司
地址	104 台北市民生東路二段 141 號 2 樓
電話	02-2500-0888
讀者服務電話	0800-020-299 (9:30AM~12:00PM；01:30PM~05:00PM)
讀者服務傳真	02-2517-0999
讀者服務信箱	csc@cite.com.tw
劃撥帳號	19833516
戶名	英屬蓋曼群島商家庭傳媒股份有限公司城邦分公司

香港發行	城邦〈香港〉出版集團有限公司
地址	香港灣仔駱克道 193 號東超商業中心 1 樓
電話	852-2508-6231
傳真	852-2578-9337
Email	hkcite@biznetvigator.com

馬新發行	城邦（馬新）出版集團 Cite (M) Sdn Bhd
地址	41, Jalan Radin Anum, Bandar Baru Sri Petaling, 57000 Kuala Lumpur, Malaysia.
電話	603-9056-3833
傳真	603-9057-6622
Email	services@cite.my

製版印刷	凱林印刷事業股份有限公司
總經銷	聯合發行股份有限公司
地址	新北市新店區寶橋路 235 巷 6 弄 6 號 2 樓
電話	02-2917-8022
傳真	02-2915-6275

版次	初版一刷 2023 年 7 月
定價	新台幣 599 元／港幣 200 元

Printed in Taiwan

手作包不失敗的 15 堂課

國家圖書館出版品預行編目 (CIP) 資料

手作包不失敗的 15 堂課 / 吳玉真著 . -- 初版 .
-- 臺北市 : 城邦文化事業股份有限公司麥浩斯
出版 : 英屬蓋曼群島商家庭傳媒股份有限公司
城邦分公司發行 , 2023.07
260 面 ; 19x26 公分
ISBN 978-986-408-935-2(平裝)
1.CST: 手提袋 2.CST: 手工藝
426.7   112005683